実験医学別冊 最強のステップUpシリーズ

リアルな相互作用を捉える

近接依存性標識

プロトコール

BioID・TurboID・AirIDの
選択・導入から正しい相互作用分子の同定まで、
論文には書かれていない実験のノウハウ

［編集］
澤崎達也，小迫英尊

羊土社
YODOSHA

表紙画像の解説

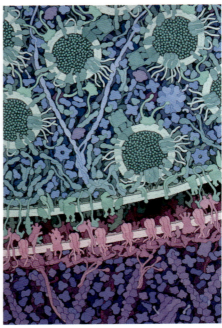

David S. Goodsell氏による「Excitatory and Inhibitory Synapses（興奮性シナプスと抑制性シナプス）」クリエイティブ・コモンズ・ライセンス（表示4.0国際，https://creativecommons.org/licenses/by/4.0/）PDB-101の「Molecular Landscapes by David S. Goodsell」（doi:10.2210/rcsb_pdb/goodsell-gallery-016）より．
本書の表紙では本作品に対し，トリミングおよび作品内の一部の領域にスポットライトをあてた表現を加えることで，細胞内での近接依存性ビオチン標識のイメージを表現した．

【注意事項】 本書の情報について

　本書に記載されている内容は，発行時点における最新の情報に基づき，正確を期するよう，執筆者，監修・編者ならびに出版社はそれぞれ最善の努力を払っております．しかし科学・医学・医療の進歩により，定義や概念，技術の操作方法や診療の方針が変更となり，本書をご使用になる時点においては記載された内容が正確かつ完全ではなくなる場合がございます．また，本書に記載されている企業名や商品名，URL等の情報が予告なく変更される場合もございますのでご了承ください．

❖ **本書関連情報のメール通知サービスをご利用ください**

メール通知サービスにご登録いただいた方には，本書に関する下記情報をメールにてお知らせいたしますので，ご登録ください．
・本書発行後の更新情報や修正情報（正誤表情報）
・本書の改訂情報
・本書に関連した書籍やコンテンツ，セミナーなどに関する情報
※ご登録の際は，羊土社会員のログイン／新規登録が必要です

ご登録はこちらから

序

　細胞や生体内のタンパク質は単独で機能していることはほとんどなく，他のタンパク質と複合体を形成して機能を発揮している．例えば細胞では，核膜孔など細胞内構造体のような非常に安定な複合体もあれば，細胞膜上の受容体が一過的な複合体形成を介してリン酸化やユビキチン化を行うこともあり，タンパク質は多様な複合体形成を介して多様な機能を発揮していることが見てとれる．つまり，タンパク質の機能を理解するために，まずは細胞内や生体内で相互作用するタンパク質を同定することが非常に重要なのである．これまでも，酵母ツーハイブリッド法や免疫沈降法，プロテインアレイ等，さまざまな相互作用同定技術が開発されてきた．しかし，これらの従来法はいずれも試験管内で作られた環境での系であり，細胞内や生体内で起こっている本来の相互作用ではなく，相互作用の場が異なる間接的な相互作用を検出していた．このことは直接的な相互作用タンパク質の解析ができていないだけでなく，ホルモンや増殖因子などにより複雑に変化する相互作用を解析できないという大きな課題を残していた．

　このような背景から近年，細胞内の直接的な相互作用タンパク質を検出できる技術として，近接依存性ビオチン標識法が報告された．近接依存性ビオチン標識法は，半径数十 nm 程度の近傍に存在するタンパク質のアミノ酸残基を，触媒反応を介してビオチン標識できることから，細胞で起こっている相互作用を直接検出・解析できる全く新しい技術である．ビオチン標識酵素は最近のゲノム編集技術により，ゲノム上の標的タンパク質の遺伝子の前後に直接組込むことができるため，これまでは不可能であった生体内の発生・分化や刺激応答により変化するリアルな相互作用解析ができるようになったのである．近接依存性ビオチン標識技術は，近接するタンパク質を高感度にビオチン標識できる技術という基本原理が理解され，幾ばくかのモデルケースが示されたのみの，技術としては発展途上であることから，今後さまざまな利用法が開発されていくと思われる．研究者の数だけ興味深いタンパク質の種類があるといわれるものの，どのタンパク質をとってもその機能・制御機構の深淵はいまだ視えず，近接依存性ビオチン標識法はそこに射す光となると信じており，あなたのタンパク質研究に本書が参考になることを期待している．

　2024年8月

編者を代表して

澤崎達也

◆ 序 …………………………………………………………………… 澤崎達也　3

◆ 概論—近接依存性ビオチン標識法の原理・実際・応用 …………… 小迫英尊　7

原理編

1 近接依存性ビオチン標識技術の選び方と解析の注意点 ……… 澤崎達也　12

2 細胞，マウス個体へのビオチンリガーゼ導入法 ……… 奥山一生，谷内一郎　19

3 ビオチン化タンパク質の検出・同定法と使い分け ……………… 小迫英尊　26

実践編

Ⅰ．解析フロー

1 標識酵素融合遺伝子のコンストラクション ……………………… 高橋宏隆　34

2 BioID酵素融合遺伝子の培養細胞への導入 ……………………… 山中聡士　41

3 イムノブロットによるビオチン標識の確認 ……………………… 高橋宏隆　49

4 ビオチン化タンパク質の精製と質量分析による同定 …………… 小迫英尊　56

CONTENTS

5 近接タンパク質情報のバイオインフォマティクス ……… 土方敦司 63

6 *in vitro* での生化学的相互作用解析 ……… 森下 了 74

Ⅱ. 各生物種での解析

7 マウス生体内BioID法の実践に向けた
マウス作製法とビオチン化誘導法 ……… 谷内一郎，原田淳司 86

8 AirID融合タンパク質発現シロイヌナズナの作出 ……… 野澤 彰，井上晋一郎 98

9 出芽酵母におけるAirIDによる相互作用因子の同定 ……… 河田美幸，関藤孝之 109

10 ショウジョウバエ生体における
近接依存性標識プロテオミクス ……… 川口紘平，藤田尚信 118

応用編

1 Split-BioID法とその派生技術の可能性 ……… 永本紗也佳，髙野哲也，奥山一生 128

2 BioID法に用いる酵素の構造的特徴 ……… 寺脇慎一 134

3 Fab抗体を用いた膜タンパク質の細胞外相互作用解析 ……… 山田航大 141

4 HRP標識抗体を用いた構造特異的膜タンパク質の解析 ……… 小川優樹 149

5 BioID法で解き明かす生体脳の空間プロテオーム ……… 伊藤有紀，髙野哲也 156

6 短時間のPPIを解析するためのBioID酵素 ……… 山中聡士 163

◆ 索引 ……… 171

執筆者一覧

◆編　集

澤崎達也	愛媛大学プロテオサイエンスセンター無細胞生命科学部門
小迫英尊	徳島大学先端酵素学研究所藤井節郎記念医科学センター細胞情報学分野

◆執筆者 [五十音順]

伊藤有紀	九州大学高等研究院脳機能分子システム分野／九州大学生体防御医学研究所
井上晋一郎	埼玉大学理学部生体制御学科
小川優樹	ベイラー医科大学神経科学部門
奥山一生	理化学研究所生命医科学研究センター免疫転写制御研究チーム
川口紘平	東京工業大学科学技術創成研究院細胞制御工学研究センター
河田美幸	愛媛大学大学院農学研究科／愛媛大学プロテオサイエンスセンター／愛媛大学学術支援センター
小迫英尊	徳島大学先端酵素学研究所藤井節郎記念医科学センター細胞情報学分野
澤崎達也	愛媛大学プロテオサイエンスセンター無細胞生命科学部門
関藤孝之	愛媛大学大学院農学研究科／愛媛大学プロテオサイエンスセンター
髙野哲也	九州大学高等研究院脳機能分子システム分野／九州大学生体防御医学研究所／国立研究開発法人科学技術振興機構さきがけ
高橋宏隆	愛媛大学プロテオサイエンスセンター無細胞生命科学部門
谷内一郎	理化学研究所生命医科学研究センター免疫転写制御研究チーム
寺脇慎一	愛媛大学プロテオサイエンスセンター複合体構造解析部門
永本紗也佳	九州大学高等研究院脳機能分子システム分野／九州大学生体防御医学研究所
野澤　彰	愛媛大学プロテオサイエンスセンター無細胞生命科学部門
原田淳司	理化学研究所生命医科学研究センター免疫転写制御研究チーム／東京医科歯科大学大学院医歯学総合研究科理研生体分子制御学分野
土方敦司	東京薬科大学生命科学部ゲノム情報医科学研究室
藤田尚信	東京工業大学科学技術創成研究院細胞制御工学研究センター
森下　了	株式会社セルフリーサイエンス研究開発部
山田航大	愛媛大学プロテオサイエンスセンター無細胞生命科学部門
山中聡士	愛媛大学プロテオサイエンスセンターインタラクトーム解析部門

概論

近接依存性ビオチン標識法の原理・実際・応用

小迫英尊

　近年開発された近接依存性ビオチン標識法は，生体内における相互作用因子やオルガネラの構成因子を大規模に同定できる強力な技術である．この方法にはいくつかの種類があり，幅広い生物種でさまざまに活用されている．本稿ではそれらの概要を紹介したい．

はじめに

　多彩な生命現象の分子機構を理解するうえで，生体内におけるタンパク質間の相互作用を大規模に明らかにすることは重要である．近接依存性ビオチン標識法は，生きた細胞または個体において標的タンパク質の近傍に存在するタンパク質をビオチン標識することにより，さまざまなタンパク質間相互作用を解析できる有用な技術である[1) 2)]．ビオチン標識されたタンパク質を抽出液から濃縮し，質量分析によって大規模に同定すれば，標的タンパク質と相互作用するタンパク質の候補を多数得ることが可能である．近年，複数種類の近接依存性ビオチン標識法が開発され，幅広い生物種でさまざまな適用例が報告されている．本稿ではそれらの概要を簡単に紹介したい．

近接依存性ビオチン標識法の原理 (原理編. 図)

　標的タンパク質に近接するタンパク質をビオチン標識する方法を触媒分子に基づいて分類すると，光応答性化学プローブ系[3)]，ペルオキシダーゼ系，およびビ

オチンリガーゼ（BirA）系（広義の「BioID法」）の3種類に分けることができる（原理編-1）．それぞれの研究目的に適した方法を選択するとよいが，最も簡便で一般的なのはビオチンリガーゼ系と思われる．ビオチンリガーゼ系は，さまざまな遺伝子導入法を用いてビオチンリガーゼと標的タンパク質との融合タンパク質を細胞や個体に発現（原理編-2）させることができ，ビオチン標識反応も簡便で応用範囲が広い．そのため本書では，ビオチンリガーゼ系の話題を中心に扱っている．ビオチン標識反応を行った後は，まずイムノブロットや細胞染色によって生体内のタンパク質のビオチン化が十分に起こっていることを確認し，ストレプトアビジンやTamavidin 2-REVなどのビオチン結合性タンパク質を用いてビオチン化タンパク質やビオチン化ペプチドを濃縮し，質量分析によって大規模に同定する（原理編-3）という流れが一般的である．

近接依存性ビオチン標識法の実際 (実践編. 図)

　ビオチンリガーゼやペルオキシダーゼと標的タンパク質との融合タンパク質を発現させるうえで，コンス

図　本書の原理編および実践編の位置付け

トラクションには十分に注意する必要がある（**実践編-1**）．すなわち，ビオチン標識酵素を融合する位置，リンカー配列，タグ配列，発現方法などを慎重に検討する．現在までに哺乳類培養細胞（**実践編-2**）だけでなく，マウス個体（**実践編-7**），シロイヌナズナなどの植物（**実践編-8**），酵母（**実践編-9**），ショウジョウバエ（**実践編-10**）などの幅広い生物種で融合タンパク質を発現させ，近接するタンパク質をビオチン標識できることが報告されている．ビオチン標識の確認には，抽出液をビオチンに特異的な抗体やHRPまたは蛍光で標識されたストレプトアビジンなどでイムノブロットするとよい（**実践編-3**）．ビオチン標識が十分に起こっていることを確認できたら，ストレプトアビジンビーズでビオチン化タンパク質を精製し，ビーズ上でトリプシン消化してから質量分析によって大規模かつ高感度にタンパク質を同定・定量することが一般的である（**実践編-4**）．得られた大規模データを効率的に解析し，興味深い相互作用因子の候補を抽出するうえで，さまざまなバイオインフォマティクスのツールが有用である（**実践編-5**）．興味深い相互作用因子の候補を抽出できた場合には，検証実験が必要であり，

共免疫沈降法やPLA（proximity ligation assay）法などが一般に用いられているが，無細胞翻訳系と近接依存性ビオチン標識法を利用して *in vitro* での生化学的な相互作用を解析する方法もある（**実践編-6**）．

近接依存性ビオチン標識法の応用例（応用編）

近接依存性ビオチン標識法はこれまでにさまざまな応用例が報告されている．特にSplit-BioID法では，ビオチンリガーゼをN末端断片とC末端断片に分離し，2つの標的タンパク質にそれぞれ融合することで，オルガネラ間接触部位の構成タンパク質を同定することなどが可能である（**応用編-1**）．このようなSplit型などの改良型のビオチンリガーゼを分子設計するうえで，ビオチンリガーゼの立体構造解析の情報は有用である（**応用編-2**）．改良型のビオチンリガーゼの一つとして，抗体のFabフラグメントとAirIDを融合したFabIDが報告されており，標的とする膜タンパク質との細胞外での相互作用タンパク質を大規模に同定することが

できる（**応用編-3**）．また，抗体とHRPを用いた抗体依存的近接依存性ビオチン標識法によって特定の部位に局在する膜タンパク質を網羅的に同定することも可能である（**応用編-4**）．さらにBioID法の応用により，従来の生化学的手法では困難であった，生体脳における細胞種選択的および細胞内局所選択的な空間プロテオーム解析が可能になった点は注目すべきである（**応用編-5**）．最後に，サリドマイドなどのタンパク質分解誘導薬依存的なタンパク質間相互作用の解析にもBioID法は有用であり，TurboIDやAirIDなどのBioID酵素の相違点に留意しつつ活用することが期待される（**応用編-6**）

．

おわりに

近接依存性ビオチン標識法は幅広い生物種で生きた状態でさまざまに適用できることから現在非常に注目されており，普及も進んでいる．① 個体レベルでも解析可能なこと，② オルガネラ，クロマチン，液-液相分離，難溶性凝集体などの細胞内環境を維持した状態での相互作用を調べることができること，③ 酵素-基質間のような一過的・動的で弱い相互作用も調べられること，などは大きな利点である．本書では近接依存性ビオチン標識法の原理から実際，そして応用例まで網羅されており，本法を導入している，または導入しようとしている方々のお役に立てれば幸いである．

◆ 文献

1）Qin W, et al：Nat Methods, 18：133-143, doi:10.1038/s41592-020-01010-5（2021）
2）Samavarchi-Tehrani P, et al：Mol Cell Proteomics, 19：757-773, doi:10.1074/mcp.R120.001941（2020）
3）Geri JB, et al：Science, 367：1091-1097, doi:10.1126/science.aay4106（2020）

原理編

原理編

近接依存性ビオチン標識技術の選び方と解析の注意点

澤崎達也

近接依存性ビオチン標識法は標的タンパク質に近接するタンパク質をビオチン標識できるため、その利用やニーズは増加している。現在、複数の近接依存性ビオチン標識技術が報告されている。また、タンパク質の機能や形態、局在は多様であるため、その利用法も多様である。そのため研究者が近接依存性ビオチン標識の利用を考えた場合、どの技術と利用法を選べばよいか大いに悩むことになる。本稿では、対象とするタンパク質研究に最適な技術選択の助けになることを期待して、現時点で主流といえる3種類の近接依存性ビオチン標識技術の原理や利用に向けた注意点を解説する。

はじめに

標的タンパク質に近接するタンパク質をビオチン標識する技術は、原理的に分類すると有機分子を用いる**光応答性化学プローブ系**、反応性が異なるタンパク質酵素を介した**ペルオキシダーゼ系**と**BirA系（変異体ビオチンリガーゼ）**の計3種類が報告されている。それぞれの原理や標識アミノ酸が全く異なるため、解析対象とする標的タンパク質の性質や細胞内局在を考慮してビオチン標識技術と利用法を選ぶ必要がある。しかし、多様な研究例が報告されているため、近接依存性ビオチン標識を研究に利用するときに多くの研究者が最初に悩むのは、どの手法が自分の研究に適しているのか？だと思う。そこで本稿では、利用に向けて参考になることを期待し、それぞれの原理や特徴、注意すべき事象等を解説する。

光応答性化学プローブ系

可視光の波長により活性化する分子を用いたビオチン標識技術は古くから利用されていた。従来法は活性化分子の寿命が長いため、非特異的に細胞のタンパク質をビオチン標識してしまい近接依存性ビオチン標識としては利用できなかった。しかし、近年プリンストン大学のMacMillan教授のグループを中心にイジリウム（Ir）などの遷移金属をコアに有した光活性化触媒により、溶液半減期が非常に短いビオチン標識分子を生成する反応を見出した。その反応を応用して、ビオチンを融合したアリールジアジリン分子（カルベン活性種をもつ）を添加し、光照射することにより近接のタンパク質をビオチン標識できる技術（µMAP法）[1]を開発した（図1）。

1. 反応機構と標識アミノ酸

光応答性化学プローブの反応機構は、簡単に説明すると、まず、標的タンパク質に化学的に融合した光活性化触媒分子が光を受容した結果、触媒反応によりビ

技術名	触媒分子	一般的な利用法	標識分子	タンパク質内の反応アミノ酸
光応答性化学プローブ系	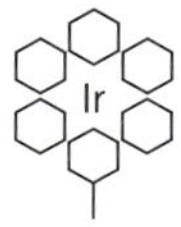 光応答性化学プローブ分子（有機化合物）	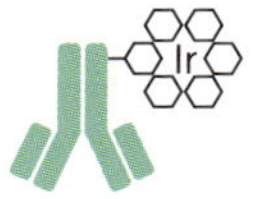 抗体分子への融合	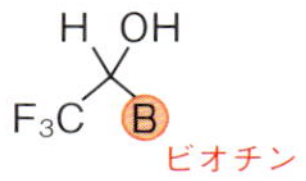 ビオチン含有アリールジアジリン（カルベン活性種）	ほぼすべてのアミノ酸（イソロイシン，メチオニンへの反応性は低）
ペルオキシダーゼ系	HRPやAPEXなどの酵素	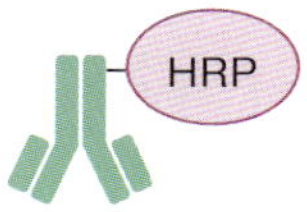 抗体分子への融合	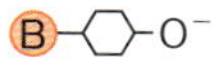 ラジカルビオチンフェノール	チロシン優先
BirA系	TurboID，AirIDなどの酵素	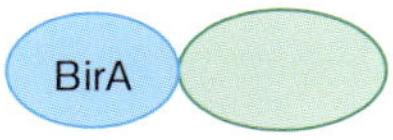 遺伝子工学的に標的遺伝子へのBirA遺伝子の融合	ビオチニル-5'-AMP	リジン

図1　近接依存性ビオチン標識技術の比較

本稿で解説している3種類の近接依存性ビオチン標識技術の各特徴のまとめ．一般的な利用法については，多様な利用法があるため，ここでは広く使われている代表的な利用法を示した．ペルオキシダーゼ系の標識アミノ酸は，他にもトリプトファンやヒスチジンなどが知られているが，反応性が最も高く，解析に利用されているチロシンを優先標識アミノ酸として記載した．

オチン含有アリールジアジリン分子のカルベン活性種が活性化する．その分子がタンパク質表面のアミノ酸側鎖に反応することでビオチン分子が受け渡され側鎖と共有結合される（図2）．一般的にカルベン活性種は，多様な官能基と反応する性質を有する．そのため，光応答性化学プローブによる標識は，他の近接依存性ビオチン標識技術とは大きく異なり，特定のアミノ酸を標識することはなく，タンパク質上のほぼすべてのアミノ酸の側鎖にビオチンを標識しうる．そのため質量分析において，予測されるビオチン化ペプチドの種類は非常に多様で複雑となるため，ペプチド同定において十分な情報解析が必要となる．また，本手法の光照射には現状，特殊な装置が推奨されている．

2. 標的タンパク質（抗体）への融合

　光応答性化学プローブは化合物であるため，遺伝子への融合やゲノムへの導入はできない．そのため近接依存性ビオチン標識のためには，まず，標的タンパク質あるいは抗体を大量に用意することになる（組換えタンパク質の手法を用いて合成後，精製）．続いて標識タンパク質の表面上に，光応答性化学プローブをNHS-esterなどのアミン反応性架橋剤により化学反応的に融合する．細胞を用いた解析には，標的タンパク質が数百μg程度必要とされる．それらの量の精製標的タンパク質を取得することは容易ではないため，市販されている抗体やタンパク質，有機合成可能なペプチド分子を対象に解析する方法が一般的である．また現状，複雑な有機分子を主骨格としているため研究室での有機合成も容易ではない．現在，光応答性化学プローブ利用キット（目的の抗体やタンパク質などにプローブを結合することができるキット）も市販されており非常に有用であるが，かなり高価である．

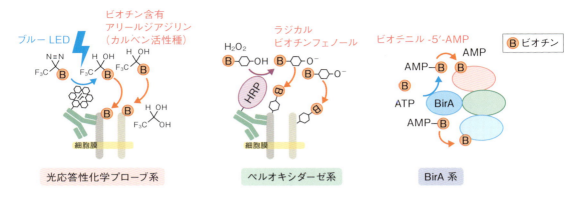

図2　近接依存性ビオチン標識の反応機構の概要
本稿で解説している3種類の近接依存性ビオチン標識技術の各反応機構のまとめ．触媒により生成された標識分子はピンク色の字で示している．どの技術も，標識分子が遊離した状態で近接のタンパク質表面のアミノ酸と反応し，ビオチン分子を共有結合する．そのため，標識分子の半減期（活性化期間）が近接依存性ビオチン標識技術の標識範囲を規定する．

3. 細胞や生体利用の注意点

標識タンパク質の近接依存性ビオチン標識を細胞内で行うためには，細胞内に光応答性化学プローブ融合組換え標的タンパク質を直接導入する必要がある．前述の通りこの手法は遺伝子導入できないため細胞内ではなく，細胞膜上の標的タンパク質を対象とする報告例が多い．マウスやラット標的タンパク質を認識する抗体，あるいはその1次抗体を認識する2次抗体に光応答性化学プローブを融合した解析が行われている[2]．しかし，前述したように質量分析解析時の修飾アミノ酸残基の多様性などが複雑である点とともに，自由に組換え標的タンパク質を取得できない点や現状特別な光照射装置が推奨されているなど，本手法を利用するためには分野外の専門性の理解が要求される．そのためか，本手法を利用する研究者は限定的な状況にあるように思う．本手法は原理的に高感度に近接依存性ビオチン標識を可能とする非常に優れた方法であることから，今後，多くの研究者が利用できる環境が整うことを期待している．

ペルオキシダーゼ系

ペルオキシダーゼ（peroxidase）は，名前の通り，過酸化物のペルオキシ基を有するペルオキシド構造（R-O-O-R）を酸化的に切断し2つのヒドロキシル基に分解する酵素である．タンパク質のビオチン標識には，西洋ワサビペルオキシダーゼ（horseradish peroxidase：HRP）[2]と改変アスコルビン酸ペルオキシダーゼ（engineered ascorbic acid peroxidase：APEX）[3]が利用されている（図1）．

1. 各酵素の特徴

HRPが触媒能を発揮するためには分子内ジスルフィド（S-S）結合が必要である．細胞内は一般的に還元状態であるためジスルフィド結合形成が難しく細胞内HRPの触媒能は検出できない．そのため，ペルオキシダーゼ系は，主に細胞外タンパク質のビオチン標識反応に用いられてきた[2]．細胞外での活性は非常に高い特性を有することから，高感度のビオチン標識が必要な場合に有用である．

APEXは，ジスルフィド結合を必要としないマメ科植物のアスコルビン酸ペルオキシダーゼを元に改変された酵素である．HRPとは対象的に活性にジスルフィ

ド結合を必要としないため，細胞内で機能し，実際ミトコンドリア内インタラクトーム解析の報告例がある[3]．

2. 反応機構と標識アミノ酸

ビオチンフェノール（biotinyl tyramide）とH_2O_2などの過酸化物を混合することにより，ラジカル化したビオチンフェノールが生成される．ラジカルビオチンフェノールは，タンパク質表面のチロシン残基の水酸基と優先的に反応する（図2）．反応は非常にすばやく，氷上でのタンパク質標識時間は数分間，細胞で使うAPEXの場合では1分間の処理で行っている[3]．経験的には，室温で利用した場合は，ラジカルビオチンフェノールが大過剰に産生されるため制御不能なビオチン標識が起こる．そのため，ペルオキシダーゼ系の利用は最小反応時間の方法論構築が必須である．

3. 標的タンパク質（抗体）への融合

ペルオキシダーゼは酵素であり生物由来であるため，標的タンパク質の遺伝子に融合することで利用できる．ただし，HRPは細胞内で機能しないため，一般的な遺伝子導入での利用には適していない．そのため，動物培養細胞によりHRP融合標的タンパク質を分泌型として発現させて精製後利用する手法が広く用いられている．またHRPは，化学的なカップリング反応で直接，組換え標的タンパク質や抗体に融合できるキットが市販されている点は大きなアドバンテージである．さらに，多様なHRP融合2次抗体も市販されており，標的タンパク質の細胞外領域を認識する1次抗体を介してビオチン標識できるため有用である[4]．APEXは標的遺伝子に遺伝子工学的に融合して利用するのが一般的である．ミトコンドリア内のタンパク質をビオチン標識する場合は，APEX2融合タンパク質をミトコンドリア内に輸送する必要があるため，ミトコンドリア輸送に必要なシグナル配列を標識タンパク質のN末端に付与する必要がある．

4. 細胞や生体利用の注意点

細胞を用いる近接依存性ビオチン標識において，ペルオキシダーゼ系の最大の弱点は，反応にH_2O_2などの過酸化物を必要とすることにある．しかも，その至適濃度が一般的に1 mM程度であるため，ミトコンドリアでのAPEXの利用以外は，毒性の高い高濃度過酸化物を含有できないため細胞内の反応に使うことは難しい．そのため現在HRPの利用は，細胞内ではなく，細胞膜上の標的タンパク質の解析において最も多くの実績を有する[2][4]．後述するが，ペルオキシダーゼ系と次に紹介するBirA系は，ビオチン標識範囲が異なるため用途に応じた使い分けが可能である．

BirA系（変異体ビオチンリガーゼ）（広義のBioID法）

長年，大腸菌ビオチンリガーゼ（BirA）を研究してきたイリノイ大学のJohn E Cronan Jr らのグループは，2004年，BirAの活性部位にある118番目のアルギニン残基（R）がグリシン（G）に変異したR118G変異体（当時はBirA*とよばれた）が近接タンパク質のリジン残基をビオチン標識することを見出した[5]．その後，スタンフォード大学のグループが質量分析による解析とBirA*を組合せたproximity-dependent biotin identification（BioID）法を報告した[6]．これ以降，近接依存性ビオチン標識手法の開発と応用がスタートした．初号機にあたるBirA*酵素の近接依存性ビオチン標識能が低かったことから，スタンフォード大学のAlice TingがTurboID[7]，筆者らがAirID[8]の変異BirA系酵素を開発した．それ以降も，多くのグループから改良型と称する酵素が報告されているが，BirA*（BioID）とTurboIDとAirIDの3種類の酵素およびその改良型でほぼすべての解析領域をカバーできる状況にある．そのため本稿では，その3つの酵素を中心に説明する（図1）．どの酵素を使うかに関わらず，BirA系の近接依存性標識法を総称してBioID法とよぶことが多い．

1. 反応機構と標識アミノ酸

　変異BirA系酵素に，ビオチンとATPを混合することにより，中間体（ビオチニル-5′-AMP）を活性部位から遊離する．この中間体は，タンパク質の表面上のリジン残基側鎖のアミノ基にビオチン分子を共有結合する（図2）．中間体の半減期（活動期間）が非常に短いため，半径約10 nmという近接タンパク質のみをビオチン標識することができる．TurboIDは活性が高いため，高濃度条件下でTurboID単体とタンパク質を混合するのみで，タンパク質をビオチン標識できる[9]．BirA*とAirIDは，単体では溶液中のタンパク質を非特異的にビオチン標識する能力は非常に低い．温度に関して，BirA*とTurboIDは大腸菌BirAを母体としているため，37℃前後が指摘である．AirIDは人工的アルゴリズム，いわゆるAIによりデザインしたためか15〜45℃と活性レンジは広く，pHも6より酸性側はタンパク質の沈殿が起こるので活性評価が難しいが，アルカリ側はpH 11程度まで反応可能である（未発表）．

2. 標的タンパク質への融合

　BirA系は酵素であるため，標識タンパク質の遺伝子に融合して利用できる．そのため，細胞内への一過的発現だけでなく，マウスや植物などへのゲノム編集技術によりゲノム上の標的遺伝子にインフレームで直に融合できるため，高等生物の個体を解析対象とした生体内での利用が可能である．そのため他の近接依存性ビオチン標識技術と比較し，汎用性が高く，従来の遺伝子工学や細胞生物学的手法がそのまま利用できる点が，多くの研究者がBirA系を利用している理由だと思われる．

3. 細胞や生体利用の注意点

　微生物も含め，ほぼすべての生物種はビオチンを有している．しかし，その細胞内濃度はそれほど高くない．細胞や生体へのビオチン投与により劇的にビオチン標識タンパク質の量は増える．そのことは，外部からのビオチン添加により，ビオチン標識のタイミングを制御できることを意味している．ホルモンなどの外部刺激と同時にビオチン添加することにより，ホルモン投与応答時のBirA系酵素融合標識タンパク質に近接する細胞タンパク質をビオチン標識することもできる．それぞれのビオチン標識に適したビオチン投与量や方法は，実践編を参照してほしい．

BirA系酵素選びの注意点

　BirA系酵素のビオチン標識速度はおおむねTurboID > AirID >>> BirA*である．つまり，1時間以内の短時間標識の場合はTurboIDが適しており，1〜3時間程度であればTurboIDとAirIDが候補となり，6時間を超える場合はAirIDの方が適している．また，12時間以上の反応時間でかつ標的が核膜孔のような安定な細胞内構造物の解析にはBirA*も利用できる．TurboIDは活性が強い分，長時間かつ高濃度の反応では溶液中のタンパク質を容易にビオチン標識できる[9][10]．そのため，TurboIDを報告した最初の論文では，相互作用解析ではなく，組織内タンパク質標識酵素として利用していることは重要な視点である[7]．一方でその論文において，高濃度のビオチン添加で動物培養細胞の増殖阻害を示す事象は，TurboID利用の注意点である．また，TurboIDを2つの断片に分断したsplit-TurboIDは，活性の高いTurboIDの利点を上手く利用している（応用編-1）[11]．AirIDのsplit型の報告はある[12]が有用性についての判断は，もう少し解析例が必要なように思う．AirIDは大腸菌や動物培養細胞でも大量発現が可能なので，抗体分子への融合（応用編-3）やプロテインアレイのベイトとして利用するなど，細胞以外にも多様な利用に適している．TurboIDの他の分子に融合した大量発現は，今のところ上手く行っていない　これは，高ビオチン標識能により融合分子の機能への影響と，TurboIDの高発現による細胞増殖への影響などの複合的な要因だと考えている．さらに，AirIDは，分子のり[※1]やPROTAC[※2]のような細胞内での薬剤依存的な相互作用解析には実績があり

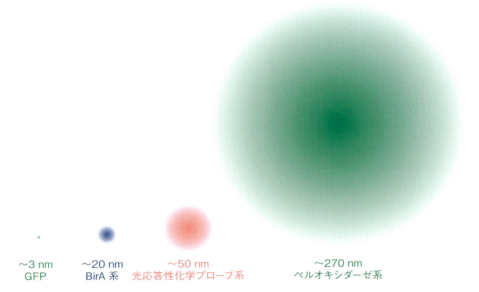

～3 nm　　～20 nm　　～50 nm　　　　　　　～270 nm
GFP　　　BirA系　　光応答性化学プローブ系　　ペルオキシダーゼ系

図3　近接依存性ビオチン標識の範囲の比較
左端の点が，GFPのサイズ（～3 nm）とした場合のビオチン標識範囲の相対的な比較．比較的新しい技術である光応答性化学プローブ系のビオチン標識範囲は，50〜100 nm程度と示す文献もあるが，ここでは～50 nmとしている．近接依存性ビオチン標識技術とまとめられているが，タンパク質のサイズで考えた場合，ビオチン標識の範囲が大きく異なることがわかる．

（応用編-6）．解析結果は期待通りであった[13]ため，現在，AirIDを利用した薬剤応答性ビオチン標識は製薬企業などで積極的に利用されている．

ビオチン標識範囲の比較

　ビオチン標識の範囲は，どの手法を用いるかにより"近接"の距離が大きく異なる．標識範囲は，活性化ビオチン標識分子の半減期に依存し，ビオチン標識の距離はペルオキシダーゼ系（直径～270 nm）＞＞＞光応答性化学プローブ系（直径～50 nm）＞BirA系（直径～20 nm）の順に広くなる（図3）．球状タンパク質の蛍光タンパク質（GFP）をモデルに近接の距離感を考えると，GFPのサイズは3 nm程度であるため，ペルオキシダーゼ系は約90倍の範囲をビオチン標識し，BirA系だと6倍程度となる．例えば，AirIDを抗体分子のFabに融合反応した場合，抗原認識部位のエピトープから5 nm程度の範囲でのみリジンがビオチン標識されていた[10]．ビオチン標識の範囲が系により大きく異なることから，研究対象に合わせた適切なビオチン標識技術の選別が重要である．

※1　分子のり
タンパク質分解誘導剤の1種であり，E3リガーゼの基質認識部位に結合することにより，特定のタンパク質との相互作用とユビキチン化を誘導する分子．

※2　PROTAC
proteolysis targeting chimeraの略語．タンパク質分解誘導剤の1種で，標的タンパク質に結合する化合物とE3リガーゼバインダーをPEGなどの化学リンカーで融合したヘテロバイファンクショナル化合物．

おわりに

　従来法とは異なり，近接依存性ビオチン標識法は細胞で行っている相互作用を直接ビオチン標識として検出できる，全く新しい相互作用タンパク質同定技術である．本稿では，近接依存性ビオチン標識の利用に向けて，原理の異なる3種類の近接依存性ビオチン標識技術の解説を行った．研究者の数だけタンパク質の種類があるともいうが，タンパク質機能・制御の理解の深淵を視るために，それぞれの研究に適した近接依存性ビオチン標識技術とその利用に向けて，本稿が参考になることを期待している．

◆ 文献

1) Geri JB, et al：Science, 367：1091-1097, doi:10.1126/science.aay4106（2020）
2) Kotani N, et al：Proc Natl Acad Sci U S A, 105：7405-7409, doi:10.1073/pnas.0710346105（2008）
3) Rhee HW, et al：Science, 339：1328-1331, doi:10.1126/science.1230593（2013）
4) Ogawa Y, et al：Nat Commun, 14：6797, doi:10.1038/s41467-023-42273-8（2023）
5) Choi-Rhee E, et al：Protein Sci, 13：3043-3050, doi:10.1110/ps.04911804（2004）
6) Roux KJ, et al：J Cell Biol, 196：801-810, doi:10.1083/jcb.201112098（2012）
7) Branon TC, et al：Nat Biotechnol, 36：880-887, doi:10.1038/nbt.4201（2018）
8) Kido K, et al：ELife, 9：e54983, doi:10.7554/eLife.54983（2020）
9) Shioya R, et al：Biochem Biophys Res Commun, 592：54-59, doi:10.1016/j.bbrc.2021.12.109（2022）
10) Yamada K, et al：Nat Commun, 14：8301, doi:10.1038/s41467-023-43931-7（2023）
11) Takano T, et al：Nature, 588：296-302, doi:10.1038/s41586-020-2926-0（2020）
12) Schaack GA, et al：Curr Protoc, 3：e702, doi:10.1002/cpz1.702（2023）
13) Yamanaka S, et al：Nat Commun, 13：183, doi:10.1038/s41467-021-27818-z（2022）

原理編

2 細胞，マウス個体への ビオチンリガーゼ導入法

奥山一生，谷内一郎

タンパク質間相互作用解析法である共免疫沈降法やプルダウン法では，標的タンパク質（POI）が反応液中で形成する複合体は特異的抗体や親和性分子によりPOIとともに精製される．一方BioID法では，POIに近接するタンパク質は生細胞内でビオチン標識され，その後タンパク質抽出液から精製される．したがってBioID法ではビオチンリガーゼ（BL）を融合したPOIをコードする遺伝子を，細胞あるいは生物個体に外来性に発現させなければならない．本稿では哺乳類細胞への外来遺伝子導入法と，BL融合POI発現マウスの作製法について解説する．

はじめに

　細胞・生体内における分子間相互作用を正しく理解することは，生命現象を解き明かすうえできわめて重要である．従来，タンパク質間相互作用（PPI：protein-protein interaction）の解析には共免疫沈降法やプルダウン法が広く利用されてきた．本書で紹介する近接依存性ビオチン標識のうち代表的といえるBioID（biotin identification）法は2012年にKyle J Roux，Brian Burke博士らに報告されて以降[1]，さまざまな分野でPPI解析法として利用されており，共免疫沈降法やプルダウン法に並ぶ新たな解析技術として注目されている．共免疫沈降法とBioID法には本質的に2つの大きな違いがある（図1）．まず一つが，精製あるいは標識されるタンパク質つまりプレイ（prey，獲物）タンパク質が，ベイト（bait，釣り餌）である標的タンパク質（protein-of-interest：POI）と直接相互作用するタンパク質か，近接するタンパク質かの違いである．共免疫沈降法ではPOIに特異的な抗体を用いることで，細胞溶解液中に溶出され，かつ反応液中でPOIとの相

互作用が安定的に維持されるプレイタンパク質がPOIと共沈降する．一方BioID法ではPOIと相互作用するタンパク質だけではなく，直接会合せずとも近位に局在するもの，間接的に会合するもの，一過性に相互作用するものなども網羅的に標識される．もう一つの違いが，共免疫沈降法ではプレイタンパク質の精製が*in vitro*（細胞外）で行われるのに対して，BioID法では*in vivo*（細胞内）でプレイタンパク質の標識が達成される点である．

　BioID法ではPOIに融合されたbirA$^{p.R118G}$（BirA*）やTurboIDなどのビオチンリガーゼ（BL）の酵素活性により，生きた細胞内においてPOIに近接するタンパク質がビオチンで標識され，その後調製したタンパク質抽出液よりアビジンやそのアナログ（ストレプトアビジン，タマビジンなど）によりビオチン化タンパク質が精製される．共免疫沈降法には生体より単離した初代細胞がしばしば利用されるが，BioID法では細胞にBLを融合したPOIをコードする遺伝子を外来性に発現させる必要があり，遺伝子導入が容易な株化細胞が広く利用されている．

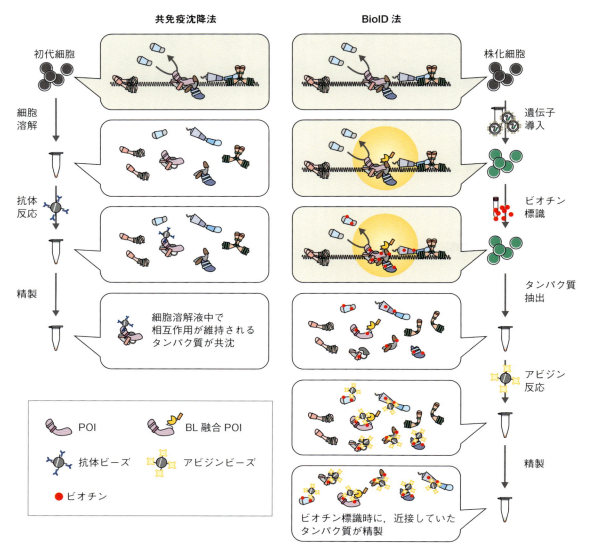

図1　共免疫沈降法とBioID法の比較

共免疫沈降法では細胞溶解液・反応液中（in vitro）でPOIと安定的に相互作用するプレイタンパク質が精製される．BioID法ではプレイタンパク質は生細胞内（in vivo）でビオチン標識される．BioID法では直接相互作用するタンパク質に加えて，一過性に相互作用するもの，間接的に相互作用するもの，そして相互作用せずに近接するものも標識される．

　BioID法ではプレイタンパク質は生細胞内で標識されるため，共免疫沈降法と比較してより生理的な手法であると考えられる．しかしながら株化細胞のタンパク質発現様式はたとえ同一の細胞系譜に由来していたとしても初代細胞と必ずしも一致せず，初代細胞でのPPIを真に反映するかは疑問が残る．生理的PPIを解析するには初代細胞でBioID法を実施することが一つの解決策であるが，初代細胞はしばしば外来遺伝子を導入するのが困難あるいは低効率である．また遺伝子導入操作により元の性質（遺伝子発現様式など）が変化することも懸念される．したがって初代細胞で解析を行うには，先立ってBL融合POIを発現する生物個

原理編 2

表1 哺乳類由来細胞への遺伝子導入法の比較

外来遺伝子導入方法		外来遺伝子の発現	宿主細胞	動物個体への適用
トランスフェクション		一過性発現	増殖細胞	不可
ウイルスベクター	レトロウイルス	安定発現	増殖細胞	不可[*3]
	レンチウイルス	安定発現	非増殖・増殖細胞	可
	アデノウイルス	一過性発現	非増殖・増殖細胞	可
	AAV	一過性発現[*1]	非増殖・増殖細胞	可
Flp-In System		安定発現[*2]	T-REx細胞	—

哺乳類由来培養細胞でのBL融合POI発現誘導法としてトランスフェクション，ウイルスベクター感染，Flp-In Systemを利用した安定発現細胞の作製があげられる．使用する細胞種も含めて導入法は，実験の目的，使用する宿主細胞への導入効率，そして対時間・費用効果などを考慮し，適したものを選択する．＊1：非増殖細胞では，比較的長期的に安定発現．＊2：Tet-ONによる発現の制御，テトラサイクリン存在下で外来遺伝子が発現．＊3：骨髄移植などによるレトロジェニックマウスの作製は可.

体を作製することが望ましい．本稿では哺乳類細胞でのBL融合POI発現誘導法，次に生物個体への外来遺伝子導入を介したBL融合POI発現マウスの作製法について解説する．

哺乳類由来細胞への遺伝子導入法 （実践編-1，実践編-2参照）

BioID法を実施する際には前述の通り事前にBL融合POIをコードする遺伝子を宿主細胞に発現させる必要があるため，遺伝子導入が容易な株化細胞を利用するのが一般的である．これまでにBioID法を実施した報告を精査すると，HEK293T細胞（ヒト胎児腎細胞由来）とその派生細胞株での解析が最も多く，次いでU-2 OS細胞（ヒト骨肉腫由来）やHeLa細胞（ヒト子宮頸がん由来）が広く利用されており，初代培養細胞での実施はいまだ限定的である．これらの細胞株は遺伝子導入効率が高く，試験管内で迅速に増殖するため，BioID解析に必要な細胞数を容易に調製できることが広く採用されている理由であると推察される．

1. トランスフェクションによる遺伝子導入

HEK293T細胞など遺伝子導入効率の高い細胞株を

用いた解析では一過性トランスフェクションが広く利用されている．HEK293T細胞では，例えばFuGENE Transfection Reagent（Promega社）やLipofectamine Reagent（Thermo Fisher Scientific社）を用いることで60〜80％超の効率で外来遺伝子の導入が可能であり，その後の解析に必要なBL融合POI発現細胞が容易に調製できる．プラスミドの一過性トランスフェクションによる外来遺伝子の発現期間は数日から1週間程度であるが，例えばHEK293T細胞の場合はトランスフェクションの18〜36時間後にはビオチン標識が可能であり，発現期間としては十分である．トランスフェクションによる遺伝子導入の利点は，簡便であり迅速であることである（表1）.

2. ウイルスベクターによる遺伝子導入

例えば血液系譜の細胞などはトランスフェクションでは十分に遺伝子を導入することが困難であり，代替法としてウイルスベクターによる遺伝子導入を選択する．哺乳類細胞への遺伝子導入ではガンマレトロウイルス（以下，レトロウイルス），レンチウイルス，アデノウイルス，アデノ随伴ウイルス（AAV：adeno-associated virus）ベクターが利用される．レトロウイルスベクターは分裂細胞にのみ感染するが，レンチウイルス，アデノウイルス，AAVベクターは非増殖細胞への遺伝子導入も可能であり，動物個体への遺伝子導

21

入にも利用される．レトロウイルス，レンチウイルスベクターでは外来遺伝子は宿主細胞のゲノムに挿入されるため安定的な発現が維持される一方，アデノウイルス，AAVベクターは宿主核内にエピソームとして維持され，外来遺伝子の発現は一過性である．筆者はマウスB細胞由来の細胞株を用いてB細胞分化を制御する転写因子Pax5のBioID解析を実施したが，この際にはレトロウイルスベクターによるBirA*融合Pax5の発現誘導を行っている[2]．ウイルスベクターはさまざまな細胞種に遺伝子導入が可能であるが，種類によって組織親和性が異なるため宿主細胞に適したものを選択する必要がある（表1）．

3. Flp-In System を用いた外来遺伝子安定発現株の作製

外来遺伝子の安定発現細胞の作製方法としてThermo Fisher Scientific 社から供給されているFlp-In Systemは，BL融合POI発現細胞の作製にもしばしば利用されている[3]．Flp-In SystemではFLP-FRTリコンビネーションにより，外来遺伝子を搭載したFlp-In T-RExベクター（以下，T-RExベクター）はHEK 293T細胞由来のFlp-In T-REx 293細胞のゲノム上の特定部位に1コピー挿入される．宿主細胞はThermo Fisher Scientific 社から供給されているキットを使用して，独自に作製することもできる．T-RExベクターにはハイグロマイシン耐性遺伝子がコードされており，外来遺伝子が導入された細胞は薬剤で選択できる．トランスフェクションやウイルスベクター感染では外来遺伝子は恒常的に発現するが，Flp-In Systemでは外来遺伝子はCMV/TetO$_2$プロモーターの制御下にあり，テトラサイクリン存在下でのみ発現が誘導される（Tet-ON）．例えばPOIの継続的な発現が細胞毒性を呈する場合や，POIの発現により細胞の遺伝子発現様式が著しく変化する場合には，発現を制御できるTet-ONの利用は有効である（表1）．

■ BL融合タンパク質発現マウスの作製（実践編-7参照）

BioID法の無脊椎・脊椎動物個体への応用は線虫[4]やゼブラフィッシュ[5]，マウスなどで報告されている．マウス個体にBL融合POIを発現させる方法としてはウイルスベクターによる外来遺伝子導入と遺伝子組換えマウスの作製があげられる．ウイルスベクターでの導入ではAAVベクターを利用した方法がこれまでに報告されている[6][7]．BL融合POI発現マウスは，主に外来性遺伝子（トランスジーン）を発現させるトランスジェニック（Tg）法と[8]，POIをコードする内在性の遺伝子（GOI：gene-of-interest）領域にBL cDNA断片をノックイン（KI：knock-in）する手法[9]～[11]で作製される（図2，表2）．

1. トランスジェニックマウス（Tgマウス）[8]

Tg動物とはトランスジーンを遺伝情報としてゲノム上に有する生物である．Tgマウスは主に，恒常的あるいは組織特異的プロモーターによるGOIの発現を目的とし，直鎖状DNAであるトランスジーンコンストラクトを受精卵の前核に顕微注入（マイクロインジェクション）し，ゲノムにトランスジーンを取り込ませることで作製される．顕微注入法はその技術の習得に訓練を要するが，簡便であることから広く利用されている方法である．トランスジーンは多くの場合ゲノム上の任意の領域にタンデムに複数コピー挿入されるため，コピー数によってトランスジーンの発現量が異なると言われている．またトランスジーンの発現は挿入位置の影響を受ける（位置効果）．位置効果を回避する方法として，レンチウイルスベクターを用いた方法があげられる．トランスジーンを搭載したレンチウイルスベクターを，透明帯をとり除いた受精卵に感染させる手法であるが，この際トランスジーンは複数箇所に1コピーずつ挿入されるため，位置効果の相殺が期待できる．また顕微注入法と比較して遺伝子導入効率が高く，受精卵の使用数も軽減でき，顕微注入法が困難な動物

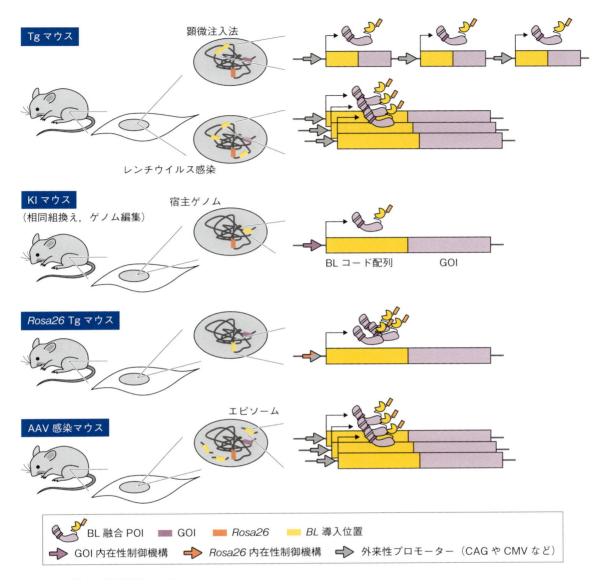

図2　BL融合POI発現マウス

BL融合POIの発現量はマウスの作製法によって異なる．TgマウスではゲノムにとりこまれたBL融合遺伝子のコピー数により発現量が異なり過剰となる傾向にある．KIマウスではBL融合POI発現は内在性の機構により制御され，本来のPOIの発現量を反映することが期待される．Rosa26 Tgマウスのトランスジーンコピー数は1（ヘテロ）ないし2コピー（ホモ接合体）であり，発現はRosa26の内在性制御機構あるいは外来性に導入したプロモーターに依存する．AAV感染マウスではTgマウスと同様にBL融合POIの発現量は核内に保持されるエピソーム数に比例する．

表2 マウス作製法の比較

BL融合POI発現マウス作製法	外来遺伝子のコピー数	外来遺伝子の発現		
		生理的発現	組織特異的発現	発現強度
Tgマウス	複数[*1]	なし	プロモーターに依存[*2]	過剰
KIマウス	1コピー（ヘテロ接合体）	あり	あり	生理的
Rosa26 Tgマウス	1コピー（ヘテロ接合体）	なし	なし/あり（Cre/LoxP）[*3]	過剰
ゲノム編集マウス	1コピー（ヘテロ接合体）	あり	あり	生理的
AAV感染マウス	複数	なし	なし[*4]	過剰

BL融合POIの発現は作製方法によって異なる．BL融合POIをコードする遺伝子のコピー数は，Tg，AAV感染マウスでは複数コピーであり，KI（相同組換え，ゲノム編集）と*Rosa26* Tgマウスではヘテロ接合体で1コピー，ホモ接合体で2コピーとなる．GOIの内在性制御機構により発現が制御されるKIマウスではBL融合POIの組織特異的発現が維持される．Tgマウスでは組織特異的プロモーター，*Rosa26* TgマウスではCre/LoxPリコンビネーションを利用することで組織特異的発現が誘導できる．*1：顕微注入法では任意の場所に複数，レンチウイルスベクター法では複数箇所に1コピーずつ．*2：恒常的プロモーターを利用することで全身性，特異的プロモーターにより組織特異的発現を誘導．*3：Cre/LoxPリコンビネーションを利用することで組織特異的発現を誘導可能．*4：血清型により組織親和性が異なるため，目的の組織に導入可能なAAVを選択する．

種でも実施が可能である．

2. ノックインマウス（KIマウス）[9]

　KIマウスとは標的DNA領域特異的に外来性のDNA断片を挿入したマウスであり，多くの場合はES細胞内での相同組換えによって作製する．ES細胞にドナーDNA〔挿入したいDNA断片の両端に1～7 kb前後の相同領域（HR：homology region）を付加したもの〕をトランスフェクションなどにより導入し，相同組換えにより標的領域にDNA断片が正確に挿入されたクローンを用いてキメラマウスを作製する．Tg動物ではトランスジーンは複数コピー導入されるため，その発現は過剰となる傾向にある．一方KI動物では，挿入された遺伝子の発現は標的遺伝子の内在性制御機構の支配下にあり，生理的な発現量の維持が期待できる．しかし標的遺伝子によっては相同組換え効率が著しく低く，相同組換えが正しく行われたES細胞の同定が困難な場合がある．その際にはCRISPR/Cas9によるDNA二本鎖切断（DSB：DNA double strand break）後の相同組換え修復機構を併用することで，相同組換え体同定効率の向上が見込める．さらにDSB修復時には短い（数十～数百b）HRでも相同組換えが可能なた

め，ドナーDNAの設計を簡素化できる利点がある．

3. *Rosa26* Tgマウス[12]

　トランスジーンを発現させる別の方法として，ゲノム上のセーフ・ハーバー（安全地帯）に挿入する方法があげられる．セーフ・ハーバーとは外来遺伝子を安定的に発現させ，挿入により宿主を障害しないゲノム領域である．マウスでは一般的に*Rosa26*〔Gt (ROSA) 26Sor〕遺伝子座にトランスジーンを挿入する．3つのエキソンで構成される*Rosa26*は第6染色体に位置し，非コード転写産物を発現する遺伝子である．*Rosa26*はすべての細胞系譜で安定的に発現し，また高効率に相同組換えによりトランスジーンを挿入することができる．この際*Rosa26*のプロモーターを利用する方法と，CAGなどの強力なプロモーターを付加することでより高い発現を獲得する方法がある．またプロモーターとトランスジーンの間にloxP配列で挟んだSTOPカセット（loxP-STCP-loxP：LSL配列）を配置することで，トランスジーンの発現をCreリコンビナーゼによりLSL配列の除去されたときに限定することも可能である．細胞系譜特異的にCreリコンビナーゼを発現するTgマウスと交配することで，細胞系譜特異的にBL融合POI

を発現させることができる.

4. ゲノム編集マウス

KIマウスでは組換え遺伝子の生理的な発現が期待できるが，その作製は容易でなく，系統樹立までに時間も要する．CRISPR/Cas9によるゲノム編集では，短い外来性DNA断片を標的領域に挿入することが可能である．受精卵で行えるため簡便でありマウス作製の時間も大幅に短縮できる．ゲノム編集による外来性DNA断片の挿入効率は挿入するDNA長に反比例する．*E. coli*由来のBirA*やその改良型BL（TurboIDやAirID）はDNA長963 bp（アミノ酸321残基）であるが，*A. aeolicus*由来BLであるBioID2は699 bp（アミノ酸233残基）である[13]．これはゲノム編集による挿入が十分に可能なサイズであり，Wei Feng博士らは*JPH2*遺伝子座，Gary F. Gerlach博士らは*Nphs2*遺伝子座へのBioID2のゲノム編集によるKIマウスを報告している[10)11]．また2022年にはより軽量化されたultraID（516 bp，アミノ酸172残基）が報告されており[14]，BLのさらなる改良・小型化によりゲノム編集によるBL cDNA断片挿入の汎用性が向上することを期待したい．

5. アデノ随伴ウイルスベクターによる導入

ウイルスベクターを利用したマウスでのBL融合POI発現誘導では，AAVベクターを用いた方法がこれまでに報告されている[6)7]．AAVは病原性がきわめて低いことから生物個体への遺伝子導入に適している．またAAVは非増殖細胞にも効率的な導入が可能である．AAVベクターはゲノムDNAにはとり込まれずエピソームとして宿主細胞核内に維持され，生体や非増殖細胞では数カ月にわたり外来遺伝子の発現は持続する．AAVは血清型によって組織親和性が異なるが筋，肝臓，気道，網膜，そして中枢神経系への遺伝子導入効率が非常に高い．

おわりに

BioID法を実施する際にはまず，培養細胞か生物個体で行うかを熟思し，宿主細胞や目的に応じて適切な遺伝子導入法・作製方法を選択する．例えば単一のPOIについてさまざまな細胞系譜内でのPPIを比較する場合，BL融合POI発現個体で検討するのが理想的であると考えられる．一方，複数のPOIについてPPIを比較したい場合には培養細胞での検討でも十分な成果が期待される[15]．開発以来BioID法はさまざまな分野で利用され，近年では年間数十報の論文が報告されている．生物個体レベルでの，生理的な条件下での解析は正確にPPIを理解するうえできわめて有効であるが，対時間・費用効果も重要な要素であることを念頭に置き，適切な方法を選択することが重要である．

◆ 文献

1）Roux KJ, et al：J Cell Biol, 196：801-810, doi:10.1083/jcb.201112098（2012）

2）Okuyama K, et al：PLoS Genet, 15：e1008280, doi:10.1371/journal.pgen.1008280（2019）

3）Lambert JP, et al：J Proteomics, 118：81-94, doi:10.1016/j.jprot.2014.09.011（2015）

4）Artan M, et al：J Biol Chem, 297：101094, doi:10.1016/j.jbc.2021.101094（2021）

5）Xiong Z, et al：Elife, 10：e64631, doi:10.7554/eLife.64631（2021）

6）Uezu A, et al：Science, 353：1123-1129, doi:10.1126/science.aag0821（2016）

7）Takano T, et al：Nature, 588：296-302, doi:10.1038/s41586-020-2926-0（2020）

8）Oura S, et al：Sci Rep, 12：22198, doi:10.1038/s41598-022-26501-7（2022）

9）Rudolph F, et al：Nat Commun, 11：3133, doi:10.1038/s41467-020-16929-8（2020）

10）Feng W, et al：Circulation, 141：940-942, doi:10.1161/CIRCULATIONAHA.119.043434（2020）

11）Gerlach GF, et al：Front Cell Dev Biol, 11：1195037, doi:10.3389/fcell.2023.1195037（2023）

12）Murata K, et al：J Biochem, 170：453-461, doi:10.1093/jb/mvab059（2021）

13）Kim DI, et al：Mol Biol Cell, 27：1188-1196, doi:10.1091/mbc.E15-12-0844（2016）

14）Kubitz L, et al：Commun Biol, 5：657, doi:10.1038/s42003-022-03604-5（2022）

15）Astori A, et al：J Immunol, 205：1419-1432, doi:10.4049/jimmunol.1900959（2020）

原理編

3 ビオチン化タンパク質の検出・同定法と使い分け

小迫英尊

　近接依存性標識法によってビオチン標識されたタンパク質の検出・同定法には，イムノブロットや細胞染色，質量分析がある．イムノブロットや細胞染色では，ビオチンに特異的な抗体やストレプトアビジンなどを用いてビオチン化タンパク質を検出する．質量分析では，ストレプトアビジンなどによってプルダウンされたビオチン化タンパク質やビオチン化ペプチドを大規模に同定することができる．

はじめに

　近接依存性標識を行ったサンプルにおいては，まずタンパク質のビオチン化が目的の場所で十分に起こっていることを，イムノブロットや細胞染色を用いて確認する必要がある．十分に起こっていない場合には，ビオチン標識の条件や，発現細胞樹立のやり直しを検討する．目的の場所で十分に起こっている場合には，細胞溶解液からストレプトアビジンなどを用いてビオチン化タンパク質やビオチン化ペプチドを精製し，質量分析によって大規模に同定する（図1）．その先は，必要に応じてバイオインフォマティクスによる解析（実

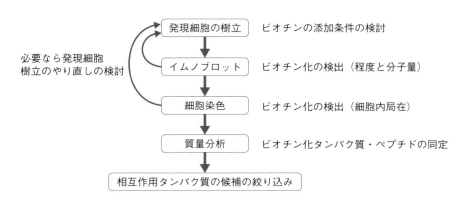

図1　近接依存性標識法におけるビオチン化タンパク質の検出・同定の流れ
近接依存性標識法を行う際には，まずビオチン化酵素と標的タンパク質の融合タンパク質を発現する細胞を樹立する（原理編-2，および実践編-1，実践編-2）．そしてビオチンの添加に依存した細胞内タンパク質のビオチン化がどの程度起こるかをイムノブロットによって検出する．次に細胞染色を行い，融合タンパク質が局在する部位に限局してビオチン化が起こっていることを確認する．イムノブロットと細胞染色によって目的の部位でのビオチン化が十分に検出できた場合には，ビオチン化タンパク質またはビオチン化ペプチドを精製し，質量分析によって大規模に同定する．

原理編 3

践編-5）や in vitro での生化学的な相互作用解析（**実践編-6**）などを行う．本稿では，イムノブロット法，細胞染色法，質量分析法の各手法の特徴と使い分けについて概説する．プロトコールに関してはイムノブロット法は**実践編-3**，質量分析法は**実践編-4**を参照いただきたい．

イムノブロット （実践編-3も参照）

近接依存性標識法では，サンプル中でビオチン化されたタンパク質を検出するためにイムノブロットを最初に行うのが一般的である[1)][2)]．具体的には，ビオチン標識したサンプル中のタンパク質を電気泳動によって分離し，ニトロセルロース膜やPVDF膜に転写する．その後，ビオチンに特異的な抗体やHRPまたは蛍光で標識されたストレプトアビジン[※1]などを用いてビオチン化タンパク質を検出する．これによってビオチン化タンパク質の分子量やビオチン化の程度を確認することができる．また，ビオチン化酵素と標的タンパク質の融合タンパク質によって既知の相互作用タンパク質がビオチン化されているか確認する際には，細胞溶解液からストレプトアビジンビーズなどでプルダウンしたサンプルに対して，その相互作用タンパク質に対する抗体でイムノブロットするとよい[3)]．

1. イムノブロットの実際

イムノブロット用に細胞や組織の抽出液を調製する際には，難溶性のタンパク質がビオチン化されている可能性も考慮して，SDS-PAGE用のサンプルバッファーで直接可溶化するとよい．コントロールとして親株の細胞や，ビオチンを添加していないビオチン化酵素と標的タンパク質の融合タンパク質の発現細胞か

らも抽出液を調製する．抗ビオチン抗体やストレプトアビジンなどで抽出液をイムノブロットすると，親株細胞でも75 kDaと130 kDaくらいにバンドが出ることが多い（**図2**）．これらは内在性のビオチン化タンパク質のバンドであり，ミトコンドリアのカルボキシラーゼ[※2]が常にビオチン化されているためである．ビオチン化酵素と標的タンパク質の融合タンパク質の発現細胞において，ビオチンの添加に依存してこの融合タンパク質の自己ビオチン化による明瞭なバンドとともに，さまざまな細胞内タンパク質のビオチン化によるスメアなバンドが検出されるはずである（**図2**）．このような結果が得られたら，細胞染色によるビオチン化タンパク質の細胞内局在の確認を経て質量分析に進むとよい．ビオチン化酵素と標的タンパク質の融合タンパク質の発現とビオチンの添加に依存したスメアなバンドが得られない場合には，まず添加するビオチンの濃度を上げたり，添加時間を長くしたりする．それでもバンドが得られない場合には，ビオチン化酵素と標的タンパク質の融合タンパク質の発現細胞樹立のやり直しの必要があると考えられる．

2. イムノブロットの特徴

細胞染色で詳細な局在を調べるためには共焦点レーザー顕微鏡などが必要であり，質量分析では高額な質量分析計や高度な知識・技術が必要であるのに対して，イムノブロットは特殊な装置がなくても手軽に実施することが可能である．また，特異性の高い抗ビオチン抗体やストレプトアビジンを用いれば，微量なビオチン化タンパク質を高感度かつ定量的に検出することができる．さらに，他のタンパク質とのクロスリアクティビティ（交差反応性）の少ない，特異性の高い抗体を入手可能であれば，ストレプトアビジンビーズなどでプルダウンしたサンプルに対してイムノブロットする

※1 ストレプトアビジン

土壌細菌から単離されたタンパク質であり，ビオチンに対する非常に強い結合能を有しているため，ビオチン標識された分子の検出によく用いられている．

※2 カルボキシラーゼ

カルボキシラーゼは二酸化炭素を基質に結合させる反応を触媒するが，ビオチンはその補酵素として機能する．すなわち，ビオチンはカルボキシラーゼの活性中心に共有結合し，カルボキシル基の転移を助ける役割をはたしている．

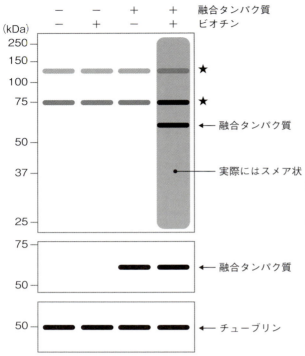

図2 近接依存性標識を行ったサンプルのイムノブロットのイメージ図
親株細胞またはタグを付加したビオチン化酵素と標的タンパク質の融合タンパク質の発現細胞にビオチンを添加してから抽出液を調製した。抽出液をSDS-PAGE後にPVDF膜に転写し，HRP標識ストレプトアビジン（**上**），タグ抗体（**中央**），またはチューブリン抗体（**下**）でイムノブロットした．星印は内在性のビオチン化タンパク質であるミトコンドリアのカルボキシラーゼのバンドである．ビオチンの添加に依存して，融合タンパク質の自己ビオチン化に由来するバンドとともに，さまざまな細胞内タンパク質のビオチン化によってスメアなバンドが得られるはずである．

ことにより，既知の相互作用タンパク質がビオチン化されているか確認することができる．

細胞染色

近接依存性標識を行ったサンプルに対して，イムノブロットの次に行うべき実験が細胞染色である．ビオチン化酵素と標的タンパク質の融合タンパク質にタグを付加しておき，タグに対する抗体で免疫細胞染色することにより，この融合タンパク質が内在性の標的タンパク質と同様の細胞内局在を示すことをまず確認する．さらにタグに対する抗体とともに抗ビオチン抗体や蛍光標識ストレプトアビジンで二重染色することにより，ビオチン化酵素と標的タンパク質の融合タンパク質が発現する部位に限局してビオチン化が起こっていることを確認する[1) 4)]．

1. 細胞染色の実際

FLAG，HA，V5などのタグを付加したビオチン化酵素と標的タンパク質の融合タンパク質を発現する細胞や組織にビオチンを添加した後（添加条件はイムノブロットの結果に応じて絞っておくとよい），ホルムアルデヒドなどで固定する．透過処理後に抗タグ抗体とともに抗ビオチン抗体や蛍光標識ストレプトアビジンで二重染色する．これにより融合タンパク質の局在とともにビオチン化されたタンパク質の局在を観察できるようになる．最後に，染色された細胞や組織を共焦点レーザー顕微鏡などで観察し，オルガネラレベルで両者の局在を詳細に調べる．

2. 細胞染色の特徴

イムノブロットや質量分析では細胞や組織からタンパク質を抽出する必要があるのに対して，細胞染色では抽出する必要がないため，細胞内でのタンパク質の局在を直接調べることができる．したがって，ビオチ

ン化酵素と標的タンパク質の融合タンパク質に近接したタンパク質のビオチン化の局在を顕微鏡観察によって直接確認することができる．このため，細胞染色は近接依存性標識法を行ううえで必須のステップである．

質量分析 （実践編-4 も参照）

ビオチン化酵素と標的タンパク質の融合タンパク質の発現細胞に対して，イムノブロットと細胞染色によって最適なビオチンの添加条件を決定したら，質量分析による同定に進むことになる．細胞または組織から，ビオチン化されたタンパク質をできるだけ多く抽出するために，RIPAバッファーなどでなく，より可溶化力の強い高濃度のSDS，Ureaまたはグアニジン塩酸を含むバッファーで溶解するとよい[5]．その後TCA沈殿，アセトン沈殿またはメタノール／クロロホルム沈殿によってフリーのビオチンなどを除きつつタンパク質を沈殿させ，再溶解したタンパク質溶液からストレプトアビジンビーズなどによるプルダウンによってビオチン化タンパク質またはビオチン化ペプチドを精製する．そして質量分析によってビオチン化タンパク質またはビオチン化ペプチドを大規模に同定する．

1. ビオチン化タンパク質の同定法と特徴

一般的な近接依存性標識法では，再溶解したタンパク質溶液からストレプトアビジンビーズによってビオチン化タンパク質をプルダウンし，ビーズ上でトリプシン消化する．そして遊離した消化ペプチドを液体クロマトグラフィー－タンデム質量分析計（LC-MS/MS）と解析ソフトウェアによって同定・定量する（図3左段）．この方法では簡便かつ高感度にビオチン化タンパク質を同定できる利点があるものの，非特異的にビーズにプルダウンされるタンパク質も多く，ケラチンなどの非ビオチン化タンパク質のバックグラウンドが高いという問題がある．このため，① 親株細胞やビオチン化酵素単独の発現細胞などをコントロールとして比較する，② 各条件のサンプル数を増やして比較定量し，統計解析する，などの工夫が必要である．質量分析では従来のDDA（data-dependent acquisition）法よりも近年開発されたDIA（data-independent acquisition）法を用いた方が定量されるタンパク質の数が多くなる．比較定量にはLFQ（label-free quantification）法を用いるのが簡便であるが，安定同位体を用いたTMT（tandem mass tag）標識法[6][7]などでより精密に比較定量することも可能である．

2. ビオチン化ペプチドの同定法と特徴

前述したような非ビオチン化タンパク質のバックグラウンドの問題を解決する方法として，再溶解したタンパク質溶液を先にトリプシン消化した後，ストレプトアビジンビーズ[8]やNeutrAvidinビーズ[9]，または抗ビオチン抗体ビーズ[10][11]などでビオチン化ペプチドを精製する方法もある（図3中段）．特定のアミノ酸残基がビオチン修飾されたペプチド（TurboIDなどのビオチンリガーゼの場合はビオチン化リジンを含むペプチド，またAPEX2などのペルオキシダーゼの場合はビオチン化チロシンを含むペプチド）を質量分析によって直接かつ大規模に同定・定量することが可能であり，これらのビオチン化ペプチドは細胞や組織内でビオチン化されたタンパク質に由来すると考えられる．しかし，この方法では酸と有機溶媒によって非特異的にこれらのビーズからビオチン化ペプチドを溶出するため，非ビオチン化ペプチドも多く溶出されていた．われわれは最近，ビオチンとの可逆的結合能を有するアビジン様タンパク質改変体であるTamavidin 2-REV[※3]を用いて，過剰量のビオチンによる競合溶出によってビオチン化ペプチドを特異的かつ高効率に精製する方法を開発した[1][12]（図3右段）．われわれの経験では，ビオチンリガーゼを用いた近接依存性標識法

※3　Tamavidin 2-REV

タモギタケという食用キノコからアビジン様タンパク質であるTamavidin 1とTamavidin 2が単離された．Tamavidin 2のビオチンとの結合部位に点変異を導入することにより，ビオチンとの結合が可逆的になった改変体がTamavidin 2-REVである．

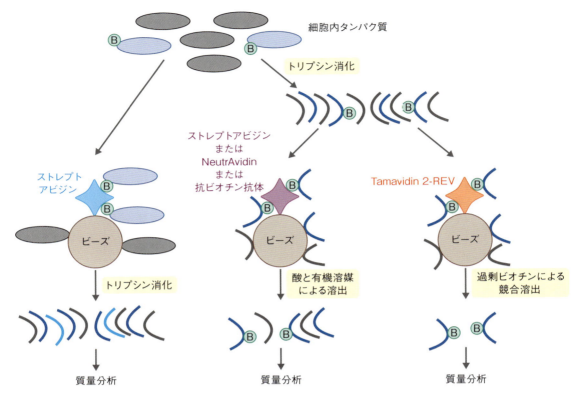

図3　質量分析によるビオチン化タンパク質またはビオチン化ペプチドの同定

ビオチン化タンパク質の同定法として，タンパク質溶液からストレプトアビジンビーズでプルダウンしてビーズ上でトリプシン消化し，遊離したペプチドを質量分析する方法が広く用いられている（**左**）．一方でビオチン化ペプチドを同定する方法として，タンパク質溶液を先にトリプシン消化した後，ストレプトアビジン，NeutrAvidin または抗ビオチン抗体を固定化したビーズでプルダウンし，酸と有機溶媒によって溶出したペプチドを質量分析する方法がある（**中央**）．トリプシン消化後に Tamavidin 2-REV でプルダウンし，過剰ビオチンで競合溶出すれば，ビオチン化ペプチドを高効率に回収して質量分析することが可能である（**右**）．

による相互作用タンパク質の同定において，Tamavidin 2-REV を用いたビオチン化ペプチドの精製法は特に有効であった[3)13)14)]．精製したビオチン化ペプチドを質量分析によって直接同定する方法により，非ビオチン化タンパク質のバックグラウンドを排除できるだけでなく，同定されたビオチン化部位からタンパク質中の相互作用領域や膜タンパク質のトポロジー（膜に貫通している回数や向き）に関する情報を得ることも可能である．

おわりに

以上のように，近接依存性標識法を成功させるためには，イムノブロットと細胞染色によるビオチン化タンパク質の検出のステップは重要である．両者によってビオチン化酵素による細胞内タンパク質のビオチン化を確認した後に，質量分析によってビオチン化タンパク質またはビオチン化ペプチドを大規模に同定・定量する．ビオチン化タンパク質またはビオチン化ペプチドの精製から質量分析までの過程が上手くワークしていれば，ミトコンドリアのカルボキシラーゼである

PC（pyruvate carboxylase）とMCCC1（methylcrotonoyl-CoA carboxylase 1）は親株細胞などのネガティブコントロールのサンプルでも同定されるはずである．近接依存性標識法によって相互作用タンパク質の候補を絞り込むために，コントロール条件を含めて多数のサンプル間で比較するケースが多いため，ビオチン化タンパク質やビオチン化ペプチドの精製法が改良・自動化されることが期待される．また質量分析計や解析ソフトウェアの最近の進歩は著しいため，近接依存性標識法の有用性はさらに増していくと考えられる．

◆ 文献

1）Motani K & Kosako H：J Biol Chem, 295：11174-11183, doi:10.1074/jbc.RA120.014323（2020）

2）Takano T, et al：Nature, 588：296-302, doi:10.1038/s41586-020-2926-0（2020）

3）Yamanaka S, et al：Nat Commun, 13：183, doi:10.1038/s41467-021-27818-z（2022）

4）Motani K, et al：Cell Rep, 41：111868, doi:10.1016/j.celrep.2022.111868（2022）

5）Kalocsay M ： Methods Mol Biol, 2008 ： 41-55, doi:10.1007/978-1-4939-9537-0_4（2019）

6）Liu G, et al：Nature, 577：695-700, doi:10.1038/s41586-020-1947-z（2020）

7）Chu TT, et al：Nature, 596：570-575, doi:10.1038/s41586-021-03762-2（2021）

8）Kwak C, et al：Proc Natl Acad Sci U S A, 117：12109-12120, doi:10.1073/pnas.1916584117（2020）

9）松本雅記：近位依存性ビオチン化標識法.「決定版　質量分析活用スタンダード」（馬場健史，他／編），pp195-199，羊土社，2023

10）Udeshi ND, et al：Nat Methods, 14：1167-1170, doi:10.1038/nmeth.4465（2017）

11）Kim DI, et al ： J Proteome Res, 17 ： 759-769, doi:10.1021/acs.jproteome.7b00775（2018）

12）Nishino K, et al：J Proteome Res, 21：2094-2103, doi:10.1021/acs.jproteome.2c00130（2022）

13）Kido K, et al：Elife, 9：e54983, doi:10.7554/eLife.54983（2020）

14）Yamada K, et al：Nat Commun, 14：8301, doi:10.1038/s41467-023-43931-7（2023）

実践編

Ⅰ．解析フロー 34

Ⅱ．各生物種での解析 86

実践編 I. 解析フロー

標識酵素融合遺伝子のコンストラクション

高橋宏隆

近接依存性標識においては，標識酵素を標的タンパク質に融合したコンストラクトを細胞内で発現させ，相互作用タンパク質をラベルするケースが多い．本稿で紹介する標識酵素はいずれも数万程度の分子量であることから，融合することで標的タンパク質の機能障害，局在変化，他のタンパク質との相互作用阻害を引き起こすケースもある．ここでは筆者が愛用するBioID酵素であるAirID[1]を用いた実験例から，標識酵素融合の成功例・失敗例や，細胞での発現方法の選択などのコツについて紹介する．

はじめに

標的タンパク質に標識酵素を融合する場合に考慮すべき主なポイントとして，標識酵素を融合する位置や，発現させる方法などがあげられる．これらの選択がピタリとハマれば真実の相互作用を同定することが可能だが，逆にこの選択を誤ると，有用な近接依存性標識法であっても期待した結果が得られず，下手をすると偽陽性・偽陰性データに惑わされていつまでも真実に辿り着けないという悲惨な事態にもなりかねない．特にこれから近接依存性標識法を用いたプロジェクトを新たにスタートさせる方は，ぜひご一読願いたい．

実験のポイント

筆者のこれまでの成功例・失敗例から，標識酵素を融合したタンパク質をデザインするうえで特に留意すべき点について以下に記載した．

1. 標的タンパク質のどこに，どのように標識酵素を融合するか？

標識酵素を融合する位置は最も重要な要素であり，標的タンパク質のN末端かC末端のどちらかに融合するのが一般的である．どちらかを選ぶ際に考慮すべき点として，細胞外分泌タンパク質やミトコンドリア局在タンパク質のようにN末端にシグナルペプチドを有する場合は，N末端に標識酵素を融合すると，局在が変化するだけでなく，シグナルペプチドが切断されることで標識酵素が失われるケースもある．当然ながら，この場合には実験は成立しない．また，自己切断するプロテアーゼに標識酵素を融合する場合も，標識酵素が切り離されない位置に融合する必要がある．

実践編　I. 解析フロー　1

　　次に標的タンパク質がどちらかの末端に重要かつ繊細な機能ドメインを有している場合，その末端に標識酵素を融合することで，機能障害を引き起こす可能性は十分にある．標的タンパク質の構造が明らかになっており，機能ドメインがある程度判明している場合は，そういったドメインを避けて融合するのは一つの選択肢となる．また，これらの事象を考慮したうえでどちらがよいかわからない場合は，N末端・C末端の2つの融合タンパク質を用意し，実際に生化学レベルもしくは細胞レベルで機能を評価するのが正攻法となる．評価項目のなかでも，そのタンパク質の機能が既知であれば，その機能が失われていないかを確認すること，また標識酵素の融合の有無で局在が変化していないかを確認することは必須である．

　　また，これらの要素をクリアしたとしても，標的タンパク質によっては，N末端かC末端のどちらに標識酵素を融合するかで，ラベルされるタンパク質の種類や量が大きく変化する場合もある．標的タンパク質に信頼できる既報の相互作用タンパク質がある場合には，そのタンパク質が標識されているかやその強度をポジティブコントロールとして，どちらかを選ぶのも一つの手段である．

2. リンカー配列は必要か？

　　標的タンパク質に融合された標識酵素が相互作用タンパク質をラベルする際，標識酵素と相互作用タンパク質間の距離が非常に重要なファクターとなる．両者がどのくらい近接すればラベルされるかは，標識酵素の活性，すなわち"有効射程距離"に大きく影響される．標的タンパク質と標識酵素の間にリンカーを付与することで標識酵素の位置をフレキシブルにし，標識酵素と相互作用タンパク質を近接させる可能性を広げることができ，特に活性が弱いビオチン標識酵素を用いる場合はこのリンカーが重要になる場合も多い．しかし筆者が使用するAirIDの場合は，活性が強いために，中間体であるビオチン-AMPはある程度の距離を拡散するため，多くのケースでは，AirIDをリンカーを付けずに標的タンパク質に直に融合して，問題なく相互作用解析が実施できている．ただ，リンカーの有無については酵素を融合するタンパク質の構造によるところが大きく，例えば融合させる末端がディスオーダー領域であれば問題ないが，末端ギリギリまで構造をとるタンパク質の場合はリンカーの付加が必要になる場合もある．最近では結晶構造が解かれていないタンパク質であっても，AlphaFoldといった便利なツールで構造予測もできるので，そういった最先端のツールも活用するのもよいと思われる．

3. アフィニティータグ

　　標識酵素融合タンパク質を細胞内で発現させた場合に，イムノブロットなどによる発現確認を行うのが一般的である．その際に，標識酵素や標的タンパク質を認識する特異的抗体で検出することも可能であるが，やはりアフィニティータグを用いる方が楽である．ここで注意が必要なのは，用いる標識酵素の標的アミノ酸残基がリジンの場合に，リジン残基を含むアフィニティータグはそのリジン残基が高頻度で修飾され，タグとしての機能が落ちてしまうケースがある．例えば，さまざまな実験で一般的に用いられるFLAGタグは，その配列に2箇所のリジン残基があり，そのためビオチン化酵素による標識を行った場合，イムノブロットや免疫沈降などで抗FLAG抗体の認識が極端に下がるケースがある．一方，HAタグ，V5タグ，Hisタグや，筆者の所属する研究室で開発された高親和性タグであるAGIAタグ[2] などはリジン残基を

35

もたないため，これらの修飾を受けることがない．

4. 一過性発現か，恒常発現か？

　　標識酵素融合タンパク質は，細胞でexogenousに発現させるケースが多い．その場合に考慮しなければならないのが，発現方法である．リポフェクションやポリエチレンイミンなどで一過性発現させる方法は最も簡便かつ迅速である．しかし，一度に大量のタンパク質が合成され細胞内に蓄積されることから，非常に多くのタンパク質がラベルされるものの，偽陽性も多く含まれるケースが少なくない．また，プラスミドDNAを細胞に導入する過程などで，細胞内でartificialな凝集体が形成され，そこに集まったタンパク質がラベルされるケースもある．一方，レンチウイルスやレトロウイルスなどによる恒常発現は，ラベルされるタンパク質の量は一過性発現と比較して少ない傾向にあるが，先ほど述べた一過性発現での急なタンパク質の蓄積やプラスミドDNA導入過程で起こるartificialな細胞応答も回避できるため，バックグラウンドが少なく安定した結果が得られるケースが多い．一方で，シグナル伝達や細胞環境の変化などで新たに発現が誘導されるタンパク質の場合，恒常発現による偽陽性が生じる可能性がある．また，毒性が強いタンパク質は，そもそも恒常発現細胞株の樹立が難しい．その場合は，Tet-Onシステムなどの薬剤誘導型プロモーターによる発現誘導が有効なケースも多い．

準備

試薬

□ それぞれの遺伝子を増やすプライマー
□ TaKaRa Ex Premier DNA Polymerase Dye plus（タカラバイオ社，RR371）
□ 制限酵素〔New England Biolabs社，XhoI（R0146S），NotI -HF（R3189L），BamHI -HF（R3136L）〕
□ Ligation high Ver.2（東洋紡社，LGK-201）
□ JM109株ケミカルコンピテントセル（塩化カルシウム法にて自作）
□ 抗生物質入りLB寒天培地
□ コロニーPCR用プライマー
□ AirID遺伝子（addgeneから購入可能）
□ FastGene Gel/PCR Extraction Kit（日本ジェネティクス社，FG-91302）

機器・装置

□ ゲルメーカーセット（Mupid社，GM-L）
□ DNA電気泳動槽（mupid-exU，Mupid社）
□ DNA撮影装置（Fas-Digi，日本ジェネティクス社，FAS-DGMU）
□ サーマルサイクラー（TaKaRa PCR Thermal Cycler Dice Touch，タカラバイオ社）
□ ブロックインキュベーター（1.5 mLチューブが使用可能で，16℃および42℃に設定可能なら機種は問わない）
□ 37℃インキュベーター

☐ 遠心分離器（1.5 mLチューブが使用可能で12,000 rpm程度までの回転数があれば，機種は問わない）

プロトコール

ここでは，AirID酵素を融合したコンストラクト作製を紹介する．最近はIn-Fusionなどの技術が一般的になりつつあるが，筆者は従来から用いられている制限酵素消化とライゲーションを愛用していることから，ここではその実験例を述べる．一度作ったベクターやAirID，ORFなどの制限酵素消化断片は，利用できる制限酵素サイトが合致すれば他のコンストラクションにも使えるので，案外便利である．今回はAirIDをN末端とC末端のそれぞれに融合したコンストラクトの作製法を紹介する．

本例で紹介するコンストラクト作製に用いるDNAは以下の通りである．また概略を図1に示した．

・N末端AirID用遺伝子断片
☐ AirID遺伝子断片：5′末端XhoIサイト，3′末端BamHIサイトを付加，終止コドンなし
☐ 目的遺伝子断片：5′末端BamHIサイト，3′末端NotIサイトを付加，終止コドンあり

・C末端AirID用断片
☐ 目的遺伝子断片：5′末端XhoIサイト，3′末端BamHIサイトを付加，終止コドンなし
☐ AirID遺伝子断片：5′末端BamHIサイト，3′末端NotIサイトを付加，終止コドンあり

・ベクター
☐ ベクター：XhoIとNotIでカット

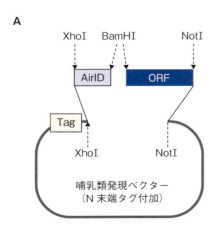
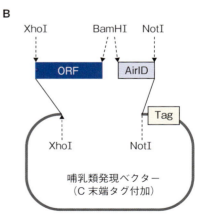

図1　N末端およびC末端にAirIDを融合したベクター設計の例
本稿で用いるAirID融合コンストラクトの概略図．制限酵素消化したベクターに目的遺伝子およびAirIDのDNA断片を2ピースライゲーションで挿入する．**A)** N末端AirID融合コンストラクトの例．**B)** C末端AirID融合コンストラクトの例．

❶ AirID および目的遺伝子断片を PCR にて増幅する．反応液の組成は以下の通り．

TaKaRa Ex Premier DNA Polymerase Dye plus（2 ×）	10.0 μL
2 μM センスプライマー	2.0 μL
2 μM アンチセンスプライマー	2.0 μL
鋳型プラスミド DNA	20 ng 程度
MilliQ	up to 20 μL

❷ 1 ％アガロース TAE ゲルにて全量を電気泳動．目的バンドをゲル回収し，ゲル回収キットにて精製．25 μL の溶出液にて DNA 断片を回収．

❸ 回収した DNA 断片を以下の反応組成にて制限酵素消化．

10 × CutSmart buffer	2.5 μL
制限酵素 I	0.75 μL
制限酵素 II	0.75 μL
回収した DNA 断片	21 μL

❹ DNA 精製キットにて精製（ゲル回収は不要）し，25 μL の溶出液にて DNA 断片を回収．

❺ ベクターを以下の反応組成にて制限酵素消化．

10 × CutSmart buffer	2.0 μL
XhoI	0.75 μL
NotI -HF	0.75 μL
ベクター	1 μg
MilliQ	up to 20 μL

❻ 全量をアガロース電気泳動し，ゲル回収をした後に 25 μL の溶出液で DNA を回収．

❼ 以下の組成でライゲーション反応を行う（16 ℃，30 分以上）．

ベクター	0.5 μL
AirID 断片	0.5 μL
インサート	1.5 μL
Ligation High Ver. 2	2.5 μL

❽ ライゲーション反応産物を全量，50 μL のコンピテントセルに形質転換し，LB プレートに撒いて 37 ℃で一晩インキュベート．

❾ 得られたコロニーを数個ピックアップして，ベクターのマルチクローニングサイトの上流および下流域に設計したプライマーを用いて，以下の反応組成（1 反応）でコロニー PCR．

TaKaRa Ex Premier DNA Polymerase Dye plus（2 ×）	5.0 μL
2 μM センスプライマー	1.0 μL
2 μM アンチセンスプライマー	1.0 μL
MilliQ	3.0 μL

❿ 目的のサイズ（AirID 分の塩基配列の増加を忘れないように）にバンドが得られた大腸菌クローンについて，抗生物質を添加した 3 mL LB 液体培地で増殖し，プラスミドを抽出．必要に応じてシークエンス解析を行う．

実験例

今回，細胞内ウイルスRNA受容体であるMDA5にAirIDを融合した実験結果を示した．MDA5は細胞内で高発現させると，自己凝集を起こしてI型インターフェロン（IFN）シグナルを活性化されることが知られている[3]．MDA5は相互作用タンパク質MAVSと結合し下流にシグナルを伝達するCARDドメインをN末端に，またC末端には自己活性制御ドメイン（C-terminal domain, CTD）を有することが知られており，両末端とも重要な機能ドメインである．そのため，AirIDをどちらの末端に融合するかは非常に悩ましいところであり（図2A），最終的にN・C末端の両方の融合コンストラクトを作製し，細胞内で高発現させることとした．その結果，下流因子MAVSの非存在下では，N末端AirID融合MDA5はMDA5単体の発現処理区とほぼ同等のIFN応答性プロモーターの活性化が認められたが，C末端AirID融合MDA5処理区ではIFN応答性プロモーターの活性化の大幅な低下が認められた（図2B）．一方，MAVSの存在下ではN・Cの両末端のAirID融合MDA5において，IFN応答性プロモーター活性化の程度に差異は認められなかった．おそらく，C末端の活性制御ドメインはAirID融合によって

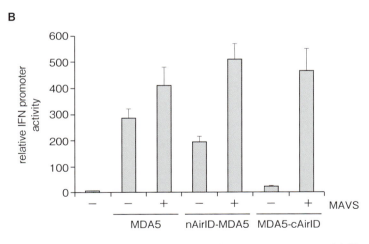

図2　N末端およびC末端にAirIDを融合したウイルスRNA受容体MDA5のIFNシグナル伝達

A）MDA5のドメインの模式図．B）AirID非融合の野生型MDA5（MDA5），N末端AirID融合MDA5（nAirID-MDA5）およびC末端融合MDA5（MDA5-cAirID）の3つのコンストラクトを，それぞれ単独発現もしくは下流因子MAVS発現プラスミドとともにHEK293T細胞にトランスフェクションし，IFN応答性プロモーターの活性をルシフェラーゼレポーターアッセイで調べた．

機能が損なわれるものの，N末端のCARDドメイン（MAVSとの結合ドメイン）はAirID融合による影響が少ないものと考えられる．この結果のように，どちらの末端もタンパク質の機能に重要なドメインをもつケースでは，実際に両方のタンパク質の機能評価を行うことが重要である．

おわりに

　最初にも述べたように近接依存性標識を用いた実験は，最初の実験デザインが非常に重要となる．多くの場合，近接依存性標識により標的タンパク質の相互作用因子候補を同定した後に，遺伝子オントロジー解析やパスウェイ解析，遺伝子発現プロファイルなどのさまざまなデータベース解析による機能予測や，実際の生化学的・細胞生物学的な高次解析により，候補タンパク質のなかから生理学的に重要な因子を見出し，その機能を明らかにすることになる．そのため，この近接依存性標識は最初のステップとして非常に重要であり，よい候補タンパク質と出会えばとんとん拍子に研究が進む可能性もあるが，逆に偽陽性と数年間向き合って時間を無駄にする可能性もある．筆者の苦い経験をもとに書かれた本稿が，読者の皆様が生理学的に重要な "真の相互作用" と出会える橋渡しとなれば幸いである．

◆ 文献

1）Kido K, et al：Elife, 9：e54983, doi:10.7554/eLife.54983（2020）
2）Yano T, et al：PLoS One, 11：e0156716, doi:10.1371/journal.pone.0156716（2016）
3）Brisse M & Ly H：Front Immunol, 10：1586, doi:10.3389/fimmu.2019.01586（2019）

実践編	I. 解析フロー

2 BioID酵素融合遺伝子の培養細胞への導入

山中聡士

　本稿で紹介する遺伝子導入に続いて行われる相互作用タンパク質の同定でのバックグラウンドを削減するためにはBioID酵素融合タンパク質を安定発現する培養細胞株を獲得することが望ましく，どのように安定発現細胞株を獲得するか検討して実験を行うことが重要である．また，BioID酵素融合タンパク質が本来の機能や細胞内局在を保持しているか確認し，実験を進めることが重要である．

はじめに

　現在，培養細胞内に対し近接依存性標識法を用いたさまざまな解析技術がさかんに開発・利用されている．特に，近接依存性ビオチン化酵素（BioID酵素[1]）を用いたBioID法は，生理条件で行うことが可能であることから，培養細胞内での標的タンパク質の機能解析に広く利用されている．近年の質量分析法の進歩に伴い，ビオチン化タンパク質の網羅的な解析が可能になり[2] [3]，培養細胞を用いたさまざまな細胞内プロセスにおける標的タンパク質の機能解析が可能になってきた．このように，BioID酵素を融合した標的タンパク質を発現させ，ビオチン標識されたタンパク質を質量分析法によって網羅的に同定することは，標的タンパク質の機能解析や標的タンパク質の関与する生命現象を理解するための有効なアプローチである．

　筆者らのこれまでの経験から，培養細胞を用いた解析では，BioID融合タンパク質を安定発現する細胞株を獲得することが実験をスムーズに進めるために重要であると考えられる．したがって，どのような手法を用いて安定発現株を獲得するか検討したうえで発現用プラスミドの作製を行うべきである（**実践編-1** を参照）．また，これまでに，TurboID[4] や AirID[5] をはじめとしてビオチン化活性の強さやビオチン標識時間の異なるBioID酵素が開発されており，それぞれの標的タンパク質や標的細胞内プロセスに応じて用いる酵素を選択する必要がある．

　筆者はこれまでに，AirID融合タンパク質を安定発現する細胞株を100種類以上作製してきた．そこで本稿では，AirID融合タンパク質を例にしながら，培養細胞へのBioID酵素融合遺伝子の導入から発現確認まで，各ステップのプロトコールと実験例を紹介する．

培養細胞へのBioID融合遺伝子の導入と発現確認

　　培養細胞へのBioID酵素融合遺伝子の導入では，一般的な培養細胞を扱える設備があれば行うことが可能であるが，筆者らが頻繁に用いているレンチウイルスを用いた安定発現株の獲得では，BSL2の設備が必要である．安定発現株の獲得後はBioID酵素融合タンパク質の発現を確認し，可能であれば既知の相互作用タンパク質がビオチン標識されているか，標的タンパク質の局在の変化がないかを確認することがBioID法を用いて標的タンパク質の機能解析を行ううえで重要である．本稿では，BioID酵素融合タンパク質の発現確認までを記載する．

　　培養細胞へのBioID融合遺伝子の導入と発現確認は以下のような手順で進められる．

1. 発現用プラスミドの作製
2. 安定発現細胞株の獲得
3. BioID酵素融合タンパク質の発現確認

1. 発現用プラスミドの作製

　　第一段階として，標的遺伝子へBioID酵素を付加したBioID酵素融合遺伝子を培養細胞発現用ベクターへサブクローニングする必要がある．サブクローニングの際は，コントロールとなる遺伝子に関してもBioID酵素融合遺伝子としてプラスミドベクターに挿入することをすすめる．BioID酵素のみを発現させコントロールとして用いることも可能であるが，AirIDやTurboIDなどを単独で発現させるとさまざまなタンパク質を強くビオチン化し，バックグラウンドが高くなることがある．したがって筆者らは，標的タンパク質と同じファミリーに属するタンパク質もしくは同じ細胞内局在をもつタンパク質をコントロールとして用いている．挿入するプラスミドベクターは任意のもので問題ないが，筆者らは主にレンチウイルスを用いて安定発現細胞株を作製しているため，RIKEN BRCより入手可能なpCSⅡベクター（RDB04385やRDB12869）もしくはタカラバイオ社より販売されているpLVSINベクター（6183や6186）へBioID酵素融合遺伝子を挿入している．なお，筆者らが主に用いているプラスミドベクターのプロモーター配列はCMVプロモーター配列であるが，BioID酵素融合タンパク質の発現が確認できない場合，EF1αプロモーターなどの異なるプロモーター配列をもつプラスミドベクターを用いることで発現が確認できる場合がある．なお，詳細なコンストラクションに関しては，前稿（**実践編-1**）を参考にしていただきたい．

2. 安定発現細胞株の獲得

　　前述の通り，安定発現細胞株の獲得のために，筆者らはレンチウイルスを主に用いている．したがって，第一段階として，レンチウイルスの作製を行う必要がある．レンチウイルスの作製は，それぞれのプラスミドベクターに付属しているレンチウイルス発現用プラスミドと**1**で作製したBioID酵素融合遺伝子を発現するプラスミドを共発現させることで簡便に行うことができる．筆者らは主に，RIKEN BRCより入手可能なパッケージングプラスミド〔pCAG-HIVgp（RDB04393）およびpCMV-VSV-G-RSV-Rev（RDB04394〕〕もしくはタカラバイオ社より購入可能なLentiviral High Titer Packaging Mix（6194）とBioID酵素融合遺伝子発現プラスミドをHEK293T細胞にコトランスファクションすることで，レンチウイルスを獲得している．各

実践編　I. 解析フロー

メーカーのサイトでは、レンチウイルス作製用のパッケージング細胞（Lenti-X 293T細胞など）を利用することが推奨されているが、培養細胞を用いた安定発現細胞株の獲得においては、一般的に利用されているHEK293T細胞で問題ないと考える。作製したレンチウイルスは、タカラバイオ社より購入可能なLenti-X Concentratorを用いることで容易に濃縮することが可能である。濃縮することによって作製したレンチウイルスを簡便に冷凍保存することができ、研究の任意のタイミングで適切な複数の細胞株に対して感染実験を行うことが可能である。次に、濃縮したウイルスを目的の細胞株へ加え、感染させる。筆者らは、ポリブレン法を用いてレンチウイルスを感染させている。感染した培養細胞はそれぞれの選抜方法（抗生物質など）を用いて選抜する。レンチウイルスを用いる方法以外にも、発現プラスミドを強制発現し、選抜する方法で安定発現細胞株の作製は可能であるが、VSV-Gを発現するレンチウイルスを用いることで、トランスフェクション効率の低いような細胞株でも安定発現株の獲得が可能である。筆者らは、選抜した安定発現株をバルクの状態で以降の解析に用いている。次稿（**実践編-3**）で記載するBioID酵素融合タンパク質の発現確認において発現量が著しく少ない場合は、限界希釈法などを用いて安定発現細胞株をクローン化することで対応可能である。

3. BioID酵素融合タンパク質の発現確認

次のステップとして、選抜した安定発現細胞抽出液を用いてBioID酵素融合タンパク質の発現確認を行う。筆者らは、イムノブロット法によって確認を行っている。このとき、コントロールとして非感染の親株の細胞抽出液を用いている。用いる抗体は、サブクローニングした際に遺伝子に付加された抗エピトープタグ抗体や標的タンパク質に対する特異的抗体、もしくはBioID酵素に対する特異的抗体を用いて発現確認を行っている。BioID酵素に対する特異的抗体に関しては、AgriSera社より販売されている抗TurboID抗体を用いることで、TurboID融合タンパク質およびAirID融合タンパク質の検出が可能であることを確認している。なお、イムノブロットでの発現確認に関しては次稿（**実践編-3**）を参考にしていただきたい。

BioID酵素融合タンパク質の発現確認において、発現量が著しく少ない場合や内在性の標的タンパク質と同程度の発現量にしたい場合は、限界希釈法などを用いて安定発現細胞株をクローン化することで対応可能である。筆者らの以前の研究において、AirID融合タンパク質をさまざまな細胞株に安定発現させビオチン化タンパク質の同定を行ったが、AirID融合タンパク質の発現量の違いは解析結果へあまり影響せず、細胞株間の発現タンパク質プロファイルの違いがより決定的であった[6]。したがって、イムノブロットで感度よく検出可能な発現量であれば、バルク細胞を用いた解析を行うことで標的タンパク質に近接するタンパク質を網羅的に同定することが可能であると考えている。

準備

サブクローニング用試薬
前稿（**実践編-1**）を参照。

レンチウイルス作製用試薬

43

- [ ] トランスフェクション試薬（Polyethylenimine, Polysciences社, 24765-100など）
- [ ] レンチウイルス濃縮試薬（Lenti-X Concentrator, タカラバイオ社, Z1231Nなど）
- [ ] ポリブレン（ポリブレン溶液, ナカライテスク社, 12996-81など）

細胞培養用試薬

- [ ] 細胞培養培地（D-MEM, 富士フイルム和光純薬社, 041-29775など）
- [ ] FBS（Fetal Bovine Serum, qualified, Brazil, Thermo Fisher Scientific社, 10270106など）
- [ ] 抗生物質〔Penicillin-Streptomycin（5,000 U/mL）, Thermo Fisher Scientific社, 15070063など〕
- [ ] Trypsin〔Trypsin/EDTA Solution（TE）, Thermo Fisher Scientific社, R001100など〕

BioID酵素融合タンパク質の発現確認用試薬

次稿（**実践編-3**）を参照.

装置

- [ ] ボルテックスミキサー（ボルテックスミキサー, エムエス機器社, SI-0286など）
- [ ] 卓上遠心機（微量遠心機, Eppendorf社, 5418Rなど）
- [ ] CO_2インキュベーター（CO_2インキュベーター, PHC社, MCO-230AICUVなど）
- [ ] 微量高速遠心機（微量高速遠心機, himacサイエンス機器社, CF18Rなど）

プロトコール

1. 発現用プラスミドの作製

標的タンパク質およびコントロールとなるタンパク質へBioID酵素を融合した発現プラスミドをサブクローニングする. 詳細は前稿（**実践編-1**）を参照.

2. レンチウイルスの作製

❶ HEK293T細胞をポリLリジンコートした10 cm dishへ培地量15 mLで播種する（50×10^5 cells/dish）*1.

> *1　BioID融合標的タンパク質を発現させる細胞株の種類が少ない場合は6 cm dishへスケールダウンしても問題ない.

❷ 播種から1晩培養し, **1**にてサブクローニングしたプラスミドDNAおよびレンチウイルスパッケージングプラスミドを同時にtransfectionする.

■ 混合液の組成

無血清培地	1,500 μL
PEI Max（1 mg/mL）	45 μL
pCAG-HIV-gp	4.1 μg
pCMV-VSV-G-RSV-Rev	4.1 μg
pCSⅡ-CMV-BioID酵素標的遺伝子-IRES-Bssd	7 μg

❸ transfectionから24時間後に 8.5 mL のD-MEM培地を用いて培地交換し，48〜72時間培養する[*2].

> *2　培地交換の際の培地量は任意であるが，❺にてレンチウイルスを濃縮する際に用いるLenti-X Concentrator の液量の3倍量＋1 mL程度にするとよい．なお，❸以降の操作はレンチウイルスを含むため，フィルター付きチップ等を使用し，安全面には十分に注意しながら操作を行う．

❹ 8 mLの培地上清を15 mL チューブに移し，室温にて遠心する（$500 \times g$，15分）．

❺ 上清を7.5 mLとり50 mLチューブへ移し，2.5 mLのLenti-X Concentratorを加え穏やかに転倒混和を行い，氷上にて30分間静置する．

❻ 4℃で遠心し（$1,500 \times g$，45分），上清をアスピレーターにて除く．

❼ 100 μLのD-MEMもしくはPBSにてウイルスペレットを再懸濁し，数本に分けて−80℃にて保存．

3. 安定発現細胞株の獲得

❶ HEK293T細胞を6 well plateへ播種する（2.0×10^5 cells/well）[*3][*4].

> *3　本稿では，モデル培養細胞としてHEK293T細胞に関して記載しているが，標的タンパク質の機能解析に適切な培養細胞が3〜4日程度でコンフルエントになる濃度で播種するとよい．

> *4　本稿では，接着細胞を対象にした安定発現株の獲得に関するプロトコールを記載している．用いる培養細胞が浮遊細胞である場合は，【浮遊細胞の場合】の通りに行うことで安定発現株の取得が可能である．

❷ 播種した細胞が接着した後に，10 μg/mLになるようにポリブレン溶液を加え，2にて濃縮したレンチウイルスを10 μL加える．この際に必ず非感染のwellを準備する．

❸ 感染から1晩培養し，培地交換を行い，再度1晩培養する．

❹ 通常の継代時と同様の操作を行い，非感染細胞および感染細胞を新たな6 well plateへ1/8程度の濃度で継代する．

❺ 培地へ選抜用の抗生物質を付加する．

❻ 非感染細胞が死滅するまで選抜を続ける．途中で感染細胞がコンフルエントになった場合は，非感染細胞および感染細胞を同じ希釈倍率で継代し，非感染細胞が完全に死滅するまで選抜を続ける．

【浮遊細胞の場合】

❶ マイクロチューブへ $1.0 \sim 2.0 \times 10^5$ 細胞を濃縮し，10 μg/mLポリブレンを含む100 μLの培地に懸濁し，2にて濃縮したウイルス溶液を10 μL加える．

❷ 10〜15分おきにタッピングにて懸濁を行いながら，37℃にて1時間感染させる．

❸ 感染後の細胞は遠心を行い，培地に再懸濁し，6 well plateに3〜4 mL/wellで播種する．

❹ 24〜48時間培養後，生細胞をカウントし，$5 \sim 10 \times 10^5$ cells/mLの濃度にて6 well plateへ2 mL/wellで播種し，選抜用の抗生物質を付加する．この際に同じ細胞数の非感

染細胞も播種する．

❺ 非感染細胞と感染細胞の生細胞をセルカウントにて計測しながら継代を続け，非感染細胞が完全に死滅するまで選抜を行う．

4. BioID酵素融合タンパク質の発現確認

❸ にて獲得した安定発現株の細胞抽出液およびコントロールとなる細胞抽出液を用いてイムノブロットにより発現を確認する．詳細は次稿（実践編-3）を参照．

実験例

CRBN（セレブロン）は，E3ユビキチンリガーゼ複合体CRL4の基質認識サブユニットとして機能するタンパク質である．CRL4は基質タンパク質の26Sプロテアソーム依存的なタンパク質分解を誘導する．本稿で紹介した手法を用いて接着細胞および浮遊細胞へAirID融合CRBNを発現させた実験例を紹介する（図1）．筆者らは，CRBNの機能解析のために，N末端へAirIDを融合したAirID-CRBNを安定発現する複数種類の細胞株の作製を行った．紹介したプロトコールを用いて，AirID-CRBNを発現するpCSⅡ-CMV-AGIA-AirID-CRBN-IRES2-Bsdプラスミドをサブクローニングした．AirID-CRBNを安定発現させるためのレンチウイルスを作製後，HEK293T細胞およびMM1.S細胞株へ感染させ，安定発現株の作製に成功した（図1）．CRBNは世界最大規模の薬害を引き起こしたサリドマイドやその誘導体（IMiDs）に結合する

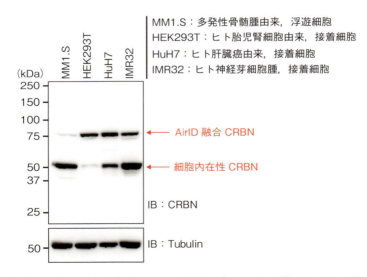

図1　4種類のヒト培養細胞へAirID融合CRBNを導入した際の発現確認
浮遊細胞および接着細胞を含むヒト培養細胞へレンチウイルスを用いてAirID融合CRBNを発現させた．それぞれの細胞は抗生物質によって選抜され，安定発現細胞株を獲得した．バルクの安定発現細胞株の抽出液を用いてイムノブロットを行い，CRBNに対する抗体にて検出した．タンパク質量のコントロールとして抗Tubulin抗体を用いた（文献6より引用）．

実践編　I. 解析フロー

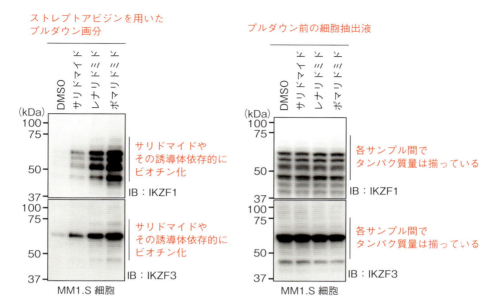

図2　AirID融合CRBN発現細胞内におけるIMiDs依存的なネオ基質のビオチン化
AirID融合CRBNを安定発現するMM1.S細胞へDMSOもしくはIMiDs（20μMサリドマイド，10μMレナリドミド，10μMポマリドミド）を10μMビオチンおよび5μMビオチンと同時に加えた．8時間培養した後に細胞を回収し，ストレプトアビジンビーズを用いたプルダウンを行った．ビオチン化されたタンパク質をイムノブロットによって解析した結果，IMiDs依存的にネオ基質（IKZF1やIKZF3）がビオチン化されていることがわかる（文献6より引用）．

タンパク質として広く知られており[7]，CRBN-IMiDs依存的に本来CRBNの基質ではない基質「ネオ基質」を分解誘導する[8)9)]．獲得したAirID-CRBN発現細胞へIMiDsおよびビオチンを付加し，ストレプトアビジンビーズを用いたプルダウンアッセイを行ったところ，代表的なネオ基質であるIKZF1やIKZF3のビオチン化を確認した（図2）．このように，AirIDをはじめとするBioID酵素を標的タンパク質へ融合することで，標的タンパク質-基質タンパク質間の相互作用を解析可能である[6)]．

おわりに

　BioID法を用いた解析は，ストレプトアビジンのアビジン様タンパク質-ビオチン間の強力な相互作用を利用することでこれまでに研究不可能であったタンパク質-タンパク質間相互作用（PPI）やIMiDsのような薬剤依存的なPPI解析が可能であることを実感している（詳しくは**応用編-6**）．加えて，BioID法によるビオチン標識は，近接するタンパク質のリジン残基へのビオチン分子の共有結合であり，シグナル伝達を含む一過的な相互作用解析など，さまざまな細胞生物学的解析において非常に有益なツールになることが期待される．本稿では，BioID酵素融合タンパク質を培養細胞に発現させる方法論に関して詳細に記述してきたが，筆者らのこれまでの経験から，ゲノム編集による標的遺伝子へのノックインによっても非常に有益な解析デー

タが獲得できていることから，今後，新たな生命現象の理解へBioID法を用いた培養細胞内での解析が大いに貢献できると確信している．

◆ 文献

1）Roux KJ, et al：J Cell Biol, 196：801-810, doi:10.1083/jcb.201112098（2012）
2）Udeshi ND, et al：Nat Methods, 14：1167-1170, doi:10.1038/nmeth.4465（2017）
3）Motani K & Kosako H：J Biol Chem, 295：11174-11183, doi:10.1074/jbc.RA120.014323（2020）
4）Branon TC, et al：Nat Biotechnol, 36：880-887, doi:10.1038/nbt.4201（2018）
5）Kido K, et al：Elife, 9：e54983, doi:10.7554/eLife.54983（2020）
6）Yamanaka S, et al：Nat Commun, 13：183, doi:10.1038/s41467-021-27818-z（2022）
7）Ito T, et al：Science, 327：1345-1350, doi:10.1126/science.1177319（2010）
8）Krönke J, et al：Science, 343：301-305, doi:10.1126/science.1244851（2014）
9）Lu G, et al：Science, 343：305-309, doi:10.1126/science.1244917（2014）

実践編 Ⅰ. 解析フロー

3 イムノブロットによる ビオチン標識の確認

高橋宏隆

　近接依存性標識法によってラベルされたタンパク質の評価法として最も一般的な方法にイムノブロット法がある．特にBioID法の場合，種々の抗ビオチン抗体やHRP標識ストレプトアビジンなど，さまざまなツールが市販されており，解析の手段は豊富にある．本稿では，改良型BioID酵素AirID[1]を発現させた哺乳類培養細胞において，ビオチン標識したタンパク質を回収し，イムノブロットで検出するまでの解析例や注意点について紹介する．

はじめに

　ビオチンを培地に添加し，細胞内タンパク質をビオチンラベルした培養細胞のライセートを調製するのは，特に難しい作業ではない．まずはこのライセートをそのままイムノブロットに供し，抗ビオチン抗体などでビオチン化タンパク質の有無や処理区ごとのバンドパターンを比較するのが一般的であろう．ただ，このブロットだけでは正確な情報を得ることはできないケースも多い．例えば標的タンパク質との相互作用が予想されるタンパク質の分子量にビオチン化バンドが検出されたとして，これが本当に期待する相互作用タンパク質かどうかを分子量だけで見定めるのは難しい．この場合，この細胞ライセートから目的に応じたタンパク質を粗精製した後に検出する等の操作が必要となる．ここでは未精製の細胞ライセートや，タンパク質の粗精製方法を行った後のサンプルのビオチン化検出の方法について記載する．

実験のポイント

　ここでは，細胞の回収方法や，細胞ライセートからタンパク質を粗精製する必要があるケースやその際の留意事項などについて記載する．AirID融合タンパク質が細胞質などで多量に発現する場合は，多くのタンパク質がビオチン化されてしまうため，場合によっては粗精製が必要となる．一方で，細胞内の局在が非常に限定的で相互作用が少ないタンパク質の場合は，未精製の細胞ライセートからのイムノブロットでも十分に情報が得られる場合もある．そのため，自分の実験方法や解析対象とするタンパク質に応じて方法を選ぶ必要がある．

49

1. 細胞の回収

ビオチン化処理が終わった細胞を回収し，ライセートを作製する方法はさまざまである．細胞回収は，浮遊細胞であればそのまま15 mLチューブなどに回収し，遠心して上清を除去すればよい．一方で，接着細胞の場合はトリプシン消化の他，スクレーパーや先切りチップで細胞を擦って剥がす方法がある．細胞の種類や用いたプレートやディッシュの大きさなどで使い分ければよい．**応用編-3**でも示すように細胞表面タンパク質をビオチン化する場合には，トリプシンによってビオチン化された細胞表面タンパク質が切断されてしまう可能性があるため，スクレーパーなどで剥がす方が望ましい．

2. 抗体による目的タンパク質の粗精製

ビオチンラベル標識実験において，標的タンパク質の既知の相互作用タンパク質のビオチンラベルの有無やその程度を見ることは，実験系が機能しているかどうかを見るうえでよい指標となる．その場合，本稿の**実験例**で示すように未精製のライセートを抗ビオチン抗体などで検出した場合は，相互作用タンパク質と分子量が一致する位置にビオチン化タンパク質のバンドがあるかどうか，という非常に雑な確認で終わってしまう．そこで，相互作用タンパク質をアフィニティタグシステムや特異的抗体を用いた免疫沈降によって回収し，イムノブロットでビオチン化を検出することで，相互作用タンパク質のビオチン化の有無を正確に評価することが可能となる．

3. ビオチン化タンパク質の粗精製

ビオチン化された細胞内タンパク質をストレプトアビジンビーズや抗ビオチン抗体で大まかに回収し，それらのなかに目的とするタンパク質が含まれるかどうかを，特異的抗体などによるイムノブロットにて検出することも可能である．**2**のように目的タンパク質のみを抗体で回収する実験とは異なり，ビオチン化タンパク質をプールとして回収できるため，複数の既知相互作用タンパク質を検出することが可能となる．ただ，温和な条件でビオチン化タンパク質を回収すると，ビオチン化タンパク質に結合した非ビオチン化タンパク質も共沈する可能性がある．これを回避するために，ライセートをSDSと熱処理により変性させてタンパク質間相互作用を壊した後に，ビオチン化タンパク質を回収することで，非ビオチン化タンパク質の混入を防ぐことも可能である．また培地に添加したビオチン濃度が高い場合，細胞ペレットに培地が残っているとストレプトアビジンビーズや抗体による回収効率が落ちるので，ペレットをPBSなどで洗浄する過程を念入りに行うことをおすすめする．

4. 同一ブロットで複数のタンパク質を検出する

一枚のブロットをある抗体で検出した後に，ストリッピング液などで抗体などを剥がして，別の抗体などを処理することは一般的に行われている．このようなブロットの使い回しは単に手間が省けるだけでなく，同一のブロットで別のタンパク質を検出することで，複数のブロットを用意する場合と比較して誤差が少なく，正確な情報を得ることも可能である．しかし，イムノブロットにより検出されるタンパク質が細胞ライセート中に多量にあった場合，検出の際のHRPの化学発光によってメンブレンが茶色く焼けてしまう場合がある．このブロットから抗

実践編 I. 解析フロー **3**

体を剥がして別の抗体を処理した場合，焼けた部分は抗体が結合せずに白抜きになってしまうことが多いので注意が必要である．この場合，電気泳動に供するタンパク質の量を減らすか，検出感度では劣るもののメンブレンの焼けが起こりにくい検出試薬（筆者らはアトー社のEzWestLumi plusを使っている）を用いることで回避できる．もう一点，HRP標識ストレプトアビジンは感度が非常によいものの，通常のストリッピング試薬では剥がれないことも多く，HRPは失活するもののブロット上に残存することで次の抗体が結合できず，その部分が白抜きになることがある．この場合，まず別の抗体で検出した後，最後にHRP標識ストレプトアビジンで検出するか，最初にビオチン化タンパク質を検出する場合はHRP標識ストレプトアビジンではなく，ストリッピングが可能な抗ビオチン抗体を用いるとよい．

準備

試薬

- [ ] PBS（ナカライテスク社，14249-95）
- [ ] RIPA buffer（ナカライテスク社，16488-34）
- [ ] Lysis buffer（50 mM Tris-HCl，pH 7.5，150 mM NaCl，1％ Triton X-100）
- [ ] TBST（20 mM Tris-HCl，pH 7.5，150 mM NaCl，0.05％ Tween-20）
- [ ] Laemmli SDS sample buffer（50 mM Tris-HCl，pH 6.8，2％ SDS，10％ glycerol）
- [ ] 2-メルカプトエタノール（ナカライテスク社，21438-82）
- [ ] Dynabeads MyOne Streptavidin C1（Thermo Fisher Scientific社，65002）
- [ ] e-PAGEL 5-20％ アクリルアミドゲル（アトー社，E-R520L）
- [ ] Blocking one（ナカライテスク社，03953-95）
- [ ] EzWestLumi plus（アトー社，2332638）
- [ ] Immobilon western chemiluminescent HRP substrate（Merck Millipore社，P90720）
- [ ] HRP標識ストレプトアビジン（abcam社，ab7403）
- [ ] 抗ビオチン抗体・HRP標識（Cell Signaling Technology社，#7075）
- [ ] 抗AGIA抗体（愛媛大学 澤崎研究室にて自作）
- [ ] ストリッピング溶液（富士フイルム和光純薬社，193-16375）

機器・装置

- [ ] Power Station III（アトー社，WSE-3200）
- [ ] ミニスラブ電気泳動槽（アトー社，AE-6500）
- [ ] ミニトランスブロットセル（バイオ・ラッドラボラトリーズ社，1703930JA）
- [ ] バイオラプターII（ビーエム機器社）
- [ ] ImageQuant LAS4000 mini（cytiva社）

51

プロトコール

❶ 培養細胞を目的に応じた方法にて剥がし，遠心後に培地を除いてペレットとする．ペレットは－80℃で保存可能であるが，タンパク質の劣化を考えると，なるべく早く解析に用いるのが望ましい．

● 【オプション1】 タンパク質間の相互作用を解離させる場合は，細胞ペレットを2% SDSを含むLysis buffer 100 µLに懸濁し，超音波破砕（on 30秒 / off 30秒 × 10回）．その後，98℃にて10分間熱変性する．氷上に移して冷却した後に，900 µLの1×Lysis bufferを加える．

● 【オプション2】 ストレプトアビジン磁性ビーズもしくは抗体ビーズにて目的とするタンパク質を粗精製し，ビーズにLaemmli SDS sample buffer（5% メルカプトエタノールを含む）を加える．

❷ ペレットまたは精製用ビーズに適量のLaemmli SDS sample buffer（5% メルカプトエタノールを含む）を加えて懸濁する．添加量の目安は24 well plateからの細胞ペレットで100 µL程度で，先切りチップによるピペッティングで細胞塊を砕く．ビーズで精製した場合は実験スケールにより添加量を適宜調整する．

❸ 100℃で5分熱変性する．解析対象が膜タンパク質など凝集性の高いタンパク質の場合は，55℃で15分もしくは37℃で1時間程度インキュベートする．

❹ 定法に従い，SDS-PAGEおよびブロッティングを行う．

❺ 1時間程度，ブロッキングを行う．スキムミルクにはビオチンが含まれるため，ビオチン化タンパク質検出の際にはバックグラウンドが上がるケースもあり，高感度なビオチン化タンパク質の検出が求められる際には非スキムミルク系のブロッキング試薬を用いる．

❻ メンブレンをプラスチックバッグに入れて，TBSTで10,000倍希釈したHRP標識ストレプトアビジンや各種抗体を加えて，数時間からオーバーナイトで処理する．

❼ メンブレンをTBSTで数回洗浄後に，イメージアナライザーで検出する．発現量が多いと予想されるタンパク質の場合，EzWestLumi plusなどシグナルの飽和やメンブレン焼けが起こりにくい試薬を用いて検出し，感度が不足する場合はImmobilon western chemiluminescent HRP substrateなど，より高感度なものを用いるとよい．

❽ 検出後のメンブレンは，必要に応じてストリッピング試薬を加えて15分振盪し，抗体を剥がす．再度，ブロッキングおよび抗体処理を行い，他のタンパク質を検出することも可能である．

実験例

　ここでは，未精製の細胞ライセートをHRP標識ストレプトアビジンで検出したイムノブロットの結果を紹介する．エンテロウイルス−A71の3種類のタンパク質にそれぞれAirIDを融合し（図1A），レンチウイルスベクターで恒常的に発現させた細胞株を作製した．この細胞株に終濃度50 µMのビオチンを添加し，3，6時間後の細胞およびビオチン非添加の細胞を回収し，未

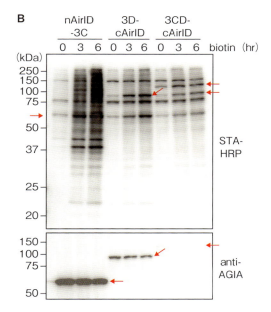

図1　AirID融合タンパク質発現細胞におけるイムノブロット解析結果

A) AirID融合タンパク質の概略図．エンテロウイルスA-71のもつ前駆体タンパク質3CDは，自身のプロテアーゼ活性により切断され，プロテアーゼ3CとRNAポリメラーゼ3Dとなる[3)4)]．ここでは前駆体および切断フォームのそれぞれにAirIDを融合した．**B)** AirIDを融合した3C，3Dおよび3CDをレンチウイルスベクターを用いてHEK293Tで恒常発現させた細胞株を作製した．それぞれの細胞にビオチンを添加して3，6時間後および非添加の細胞を回収し，未精製の細胞ライセートについてビオチン化タンパク質をHRP標識ストレプトアビジン（STA-HRP）で，AirID融合タンパク質を抗AGIA抗体で検出した．赤の矢印はAirID融合タンパク質の泳動位置を示す．

精製の細胞ライセートよりビオチン化タンパク質およびAirID融合タンパク質を検出した．図1Bに示したように，AirID融合タンパク質の自己ビオチン化の他，さまざまな分子量にビオチン化タンパク質のバンドが認められた．このブロットでは，それぞれのタンパク質の発現量やビオチン処理時間に依存してバンド強度が強くなっていることがわかる．3つのタンパク質はビオチン化タンパク質のバンド強度が異なるため単純な比較は難しいが，3C-AirIDは他の2つのタンパク質にはないビオチン化タンパク質のバンドが複数認められる．ただ，質量分析はイムノブロットと比較して検出感度が格段によいので，比較したい処理区間でビオチン化タンパク質のイムノブロットのバンドパターンがあまり変わらなくても，実際に質量分析でビオチン化ペプチドを検出すると，多くの場合，同定されるタンパク質は異なっていることが多い．このように，自己ビオチン化の有無，それ以外の細胞性タンパク質のビオチン化の有無，あわよくば細胞性タンパク質のビオチン化バンドのパターンが処理区間で異なる，などが実験の大まかな成否を検討するうえで重要な指標となる．

図1では成功例を紹介したが，失敗例についても紹介しておく．まず図2Aでは，イムノブロットに供した細胞ライセート中のビオチン化タンパク質が多すぎて，すべての処理区でシグナルが飽和してしまい，処理区間での比較ができない．またブロットの一部は強烈な化学発光により焼けてしまい白抜きになっている．このようなブロットでは，なかなか必要な情報を得

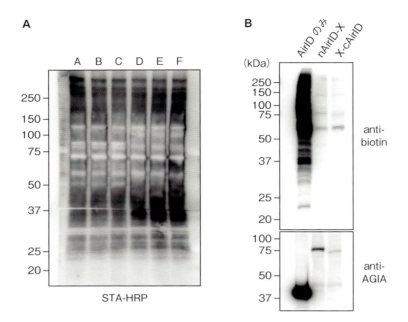

図2 イムノブロットによってわかる失敗例
A) AirID融合タンパク質A〜Fを細胞内で発現させてビオチン化を行ったライセートのイムノブロット図. **B)** N末端およびC末端にAirIDを融合したタンパク質Xと, コントロールであるAirID単体を恒常発現させた細胞株において, ビオチン化後の細胞ライセートをイムノブロットにより検出した. **A**, **B**のいずれも失敗例のため, 正式なタンパク質の名称は伏せている.

ることは難しい. また図2Bは標的タンパク質と比較してコントロールとして用いたAirID単体の発現量が圧倒的に多く, そのために標的タンパク質のビオチンタンパク質のバンドが霞んで見えてしまった例である. このようなサンプルであっても, 実際には質量分析の際に総ペプチド数で平均化するため, 標的タンパク質の処理区に特異的なビオチン化ペプチドが検出されるケースも多いが, 信頼度の高い結果を得るには, やはり発現量があまりに異なるタンパク質はコントロールとしては不適切である. 標的タンパク質の数アミノ酸変異により生じた機能欠損変異体など, 標的タンパク質と発現量や細胞内局在が類似しているタンパク質をコントロールとして使用することが望ましい.

おわりに

イムノブロットはタンパク質間相互作用によって起こるビオチンラベルを確認する最も簡単な手段の一つである. 自分の解析サンプルを質量分析に進める前の確認や, 質量分析で同定されたタンパク質を個別に確認する際には有効である. 一方で, 近年発展が目まぐるしい質量分析の感度は, イムノブロットとは比べるべくもない. イムノブロットで視覚的に見ることも大事だが, その結果の細微に囚われすぎて実験を先に進めることができなくなる. イムノブロッ

トの結果は，あくまで目安と割り切ることも大事である．

◆ 文献

1) Kido K, et al：Elife, 9：e54983, doi:10.7554/eLife.54983（2020）
2) Yano T, et al：PLoS One, 11：e0156716, doi:10.1371/journal.pone.0156716（2016）
3) Pathak HB, et al：J Biol Chem, 283：30677-30688, doi:10.1074/jbc.M806101200（2008）
4) Lawson MA & Semler BL：Virology, 191：309-320, doi:10.1016/0042-6822(92)90193-s（1992）

実践編 Ⅰ. 解析フロー

4 ビオチン化タンパク質の精製と質量分析による同定

小迫英尊

本稿で紹介するビオチン化タンパク質のストレプトアビジンビーズによる精製と質量分析による同定は，近接依存性標識法において最も一般的な相互作用分子の同定方法である．ビオチンとストレプトアビジンの結合は非常に強いため，免疫沈降などで行う際よりも強い条件で洗浄することがバックグラウンドを減らすうえでポイントとなる．標的タンパク質と相互作用するタンパク質の候補を絞り込むためには，適切なコントロールをとってサンプル数を増やして比較定量し，統計解析することが重要である．

はじめに

　近接依存性標識法によってビオチン化されたタンパク質は，ストレプトアビジンビーズを用いて精製することができる．ビオチン標識された細胞または組織において，難溶性のタンパク質がビオチン化されている可能性を考慮して，可溶化力の強い高濃度の塩酸グアニジンを含むバッファーで溶解する．その後メタノール／クロロホルム沈殿によってフリーのビオチンなどを除き，再溶解したタンパク質溶液をストレプトアビジンビーズとインキュベートしてビオチン化タンパク質をビーズに結合させる．ビーズをよく洗浄した後，ビーズ上のビオチン化タンパク質をトリプシンで消化し，遊離した消化ペプチドを質量分析することによってタンパク質を同定・定量することができる[1)2)]．

準備

必要な物品
- [ ] ビオチン標識された細胞または組織
- [ ] サンプル密閉式超音波破砕装置　Bioruptor Ⅱ（ビーエム機器社，BR2012A）
- [ ] スクレーパー
- [ ] ビオラモホモジナイザーペッスル R-1.5（アズワン社）
- [ ] Protein LoBind Tubes 1.5 mL（Eppendorf社）
- [ ] メタノール

□ クロロホルム

□ NanoLink Streptavidin Magnetic Beads（Vector Laboratories社，M-1002-020）

□ 磁石スタンド（多摩川精機社，TAB4899N12）

□ ローテーター（タイテック社，#RT-30mini）

□ Trypsin/Lys-C Mix（プロメガ社，V5072）

□ GL-Tip SDB（ジーエルサイエンス社，7820-11200）

□ アセトニトリル（ACN）

調製すべき試薬

□ HBS

試薬	終濃度
HEPES-NaOH（pH 7.5）	20 mM
NaCl	150 mM

□ Lysis buffer（−30℃で凍結保存可能）

試薬	終濃度
塩酸グアニジン	6 M
HEPES-NaOH（pH 7.5）	100 mM
TCEP〔トリス（2-カルボキシエチル）ホスフィン〕	10 mM
CAA（クロロアセトアミド）	40 mM

□ A buffer

試薬	終濃度
Urea	8 M
SDS	1 %
Tris-HCl（pH 7.5）	50 mM
NaCl	150 mM

□ B buffer

試薬	終濃度
Urea	1 M
SDS	0.125 %
Tris-HCl（pH 7.5）	50 mM
NaCl	150 mM

□ C buffer

試薬	終濃度
Urea	1 M
炭酸水素アンモニウム	50 mM

□ TBS

試薬	終濃度
Tris-HCl（pH 7.5）	50 mM
NaCl	150 mM

□ 5％トリフルオロ酢酸（TFA）

プロトコール

1. 細胞または組織溶解液の調製

❶ 冷HBSで洗浄した細胞または組織に0.5 mLのLysis bufferを加える.

❷ 細胞ならばスクレーパーでチューブに回収し,組織ならばチューブ中でペッスルでホモジナイズする.

❸ 95℃で5分加熱した後に,氷上で15分静置する*1.

 *1 TCEPとCAAを含むLysis buffer中で加熱することによりタンパク質の還元アルキル化が起こる.

❹ Bioruptor IIで超音波処理(Power Highで30秒ON／30秒OFFを5サイクル)した後に,95℃で5分加熱する.

❺ 20,000×g,4℃で15分間遠心し,上清を新しいチューブに移す.

❻ BCA法でタンパク質定量する.

❼ 1 mgのタンパク質が含まれる分量の溶解液をとり,Lysis bufferで150 μLにする.

2. メタノール／クロロホルム沈殿(室温で行う)

❶ 600 μLのメタノールを加え,よくボルテックスする.

❷ 150 μLのクロロホルムを加え,よくボルテックスする.

❸ 450 μLの超純水を加え,よくボルテックスと転倒混和する.

❹ 20,000×gで3分間遠心し,上の層を8割ほど除く*2.

 *2 二層に分離し,タンパク質はその中間にフレーク状に漂っている(図1).

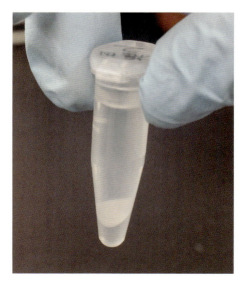

図1　メタノール／クロロホルム沈殿の様子
1 mgのタンパク質をメタノール／クロロホルム沈殿したときの様子.二層に分離し,白いタンパク質の沈殿が二層の間に漂っている.

❺ 450 μL のメタノールを加え，優しくタッピングによって混和する*3.

    *3   ボルテックスや転倒混和しないこと.

❻ 20,000×g で 3 分間遠心し，上清を除く.

❼ もう一度 450 μL のメタノールを加え，優しく混和する.

❽ 20,000×g で 3 分間遠心し，上清を除く.

❾ 5 分ほど風乾した後，120 μL の A buffer に懸濁する.

❿ Bioruptor Ⅱ で超音波処理（Power High で 30 秒 ON ／ 30 秒 OFF を 5 サイクル）する.

⓫ 840 μL の TBS を加え，タッピングで混合する.

⓬ 20,000×g，4℃ で 15 分間遠心し，上清をタンパク質溶液として **3** の❼のチューブに移す.

3. ストレプトアビジンビーズによる精製（基本的に室温で行う）

❶ 1.5 mL チューブに（サンプル数）× 10 μL の NanoLink Streptavidin Magnetic Beads の懸濁液を加える.

❷ 1 mL の B buffer を加えてビーズを懸濁し，磁石スタンドにチューブを固定する.

❸ ビーズが捕集されてからバッファーを除く.

❹ この洗浄操作をもう一度行う.

❺ 1 mL の B buffer を加えてビーズを懸濁し，サンプル数分のチューブに懸濁液を均等に分ける.

❻ 磁石スタンドにチューブを固定し，ビーズが捕集されてからバッファーを除く.

❼ この洗浄済みビーズの入ったチューブに **2** の⓬のタンパク質溶液を加えて懸濁する.

❽ 4℃ で 1 ～ 3 時間ローテートする.

❾ 磁石スタンドにチューブを固定し，ビーズが捕集されてからタンパク質溶液を除く.

❿ 1 mL の B buffer を加えてビーズを懸濁し，懸濁液を新しいチューブに移してから磁石スタンドに固定する*4.

    *4   プルダウンの操作中にチューブの壁面に吸着したタンパク質由来のバックグラウンドを避けるために，ローテート直後とトリプシン消化の直前に新しいチューブにビーズを移すこと.

⓫ ビーズが捕集されてからバッファーを除く.

⓬ 1 mL の B buffer を加えてビーズを懸濁し，磁石スタンドにチューブを固定してビーズが捕集されてからバッファーを除く.

⓭ 1 mL の C buffer を加えてビーズを懸濁し，磁石スタンドにチューブを固定してビーズが捕集されてからバッファーを除く.

⓮ 1 mLのC bufferを加えてビーズを懸濁し，懸濁液を新しいチューブに移してから磁石スタンドに固定する[*4].

⓯ ビーズが捕集されてからバッファーを除き，50 μLのC bufferを加えて懸濁する．

⓰ 2 μLのTrypsin/Lys-C mix（0.2 μg/μL）を加え，37℃で一晩振盪する．

4. 質量分析用サンプルの調製

❶ チューブを軽くスピンダウンする．

❷ 磁石スタンドにチューブを固定し，ビーズが捕集されてから消化ペプチド溶液を新しいチューブに移す．

❸ 5％トリフルオロ酢酸を適量加え，消化ペプチド溶液が酸性（pH 3以下）になったことをpH試験紙で確認する．

❹ 20,000×g，4℃で15分間遠心し，上清を活性化済みのGL-Tip SDBに移す[*5].

　*5　20 μLずつの80％ ACN／0.1％ TFAと5％ ACN／0.1％ TFAを通過させておく．

❺ 2,000×gで4分間遠心して消化ペプチド溶液を通過させる．

❻ 20 μLの5％ ACN／0.1％ TFAを加え，3,000×gで2分間遠心して通過させる．

❼ 通過処理後のGL-Tip SDBを新しい1.5 mLチューブにセットする．

❽ 100 μLの50％ ACN／0.1％ TFAを加え，2,000×gで4分間遠心してペプチドを溶出させる．

❾ 遠心濃縮機で乾かした後，3％ ACN／0.1％ TFAに再溶解する．

❿ DDA（data-dependent acquisition）法またはDIA（data-independent acquisition）法で質量分析する．

実験例

　　本稿で紹介した手法を用いて自然免疫分子STING（stimulator of interferon genes）とリガンド刺激依存的に相互作用するタンパク質を探索した実験例を紹介する（図2）．APEX2と融合したSTINGを安定発現するヒト線維芽細胞にSTINGリガンドであるcGAMP（cyclic GMP-AMP）の有無で10 ℃で処理した後，ビオチンフェノールの存在下でH_2O_2と室温で1分間インキュベートしてビオチン標識を行った．細胞を溶解後，本プロトコールに従いメタノール／クロロホルム沈殿とストレプトアビジンビーズによる精製を行い，ビーズ上でトリプシン消化した．得られた消化ペプチドを脱塩後にDIA法で質量分析した．その結果，5,655種類のタンパク質が同定・定量され，刺激依存的にSTINGと相互作用する新たなタンパク質の候補としてACBD3などが同定された[2].

実践編　I. 解析フロー　4

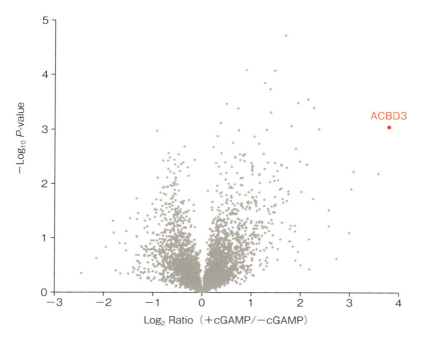

図2　APEX2を用いた近接依存性標識法によるSTINGとの相互作用タンパク質の探索

STINGリガンドであるcGAMPによる処理の有無で変動したビオチン化タンパク質の分布を示すボルケーノプロット．cGAMP処理によってACBD3などのビオチン化が亢進したと考えられる．

おわりに

　ストレプトアビジンビーズはさまざまなメーカーから入手可能であり，どのビーズを用いるかは重要である．同じメーカーのビーズでも製造ロットの違いによって結果にばらつきが出るという報告がある[3]．このばらつきの主な原因はストレプトアビジン由来の消化ペプチドがコンタミネーションする量の違いであるため，ストレプトアビジンビーズをあらかじめSulfo-NHS-acetateなどで処理してリジン残基をアセチル化修飾し，Lys-Cとトリプシンで段階的に消化すると改善する可能性がある[4]．本稿で紹介したストレプトアビジンビーズによる精製法は簡便であるが，同定されたタンパク質が本当にビオチン化されているのか，それとも非ビオチン化タンパク質が非特異的にビーズに混入したのか，区別ができないデメリットがある．ビオチン化タンパク質だけを同定する方法として，タンパク質溶液を先にトリプシン消化し，抗ビオチン抗体[5,6]やTamavidin 2-REV[7,8]などでビオチン化ペプチドを精製して質量分析によって同定する方法がある．詳しくは原理編-3を参照いただきたい．

　トリプシン消化したビオチン化タンパク質の質量分析による同定・定量ではラベルフリー法[9]を用いるのが一般的であるが，安定同位体を用いた標識法であるTMT法[10,11]，あるいは近年開発されたDIA法[12]なども有効である．同定された多数のタンパク質のなかから相互作用因

61

子の候補を絞り込むためには，適切なコントロールサンプルを用意して反復実験を行い，統計解析する必要がある．質量分析法についても原理編-3 をご覧いただきたい．

◆ 文献

1) Kalocsay M：Methods Mol Biol, 2008：41-55, doi:10.1007/978-1-4939-9537-0_4（2019）
2) Motani K, et al：Cell Rep, 41：111868, doi:10.1016/j.celrep.2022.111868（2022）
3) St-Germain JR, et al：J Proteome Res, 19：3554-3561, doi:10.1021/acs.jproteome.0c00117（2020）
4) Hollenstein DM, et al：J Proteome Res, 22：3383-3391, doi:10.1021/acs.jproteome.3c00424（2023）
5) Udeshi ND, et al：Nat Methods, 14：1167-1170, doi:10.1038/nmeth.4465（2017）
6) Kim DI, et al：J Proteome Res, 17：759-769, doi:10.1021/acs.jproteome.7b00775（2018）
7) Motani K & Kosako H：J Biol Chem, 295：11174-11183, doi:10.1074/jbc.RA120.014323（2020）
8) Nishino K, et al：J Proteome Res, 21：2094-2103, doi:10.1021/acs.jproteome.2c00130（2022）
9) Nguyen-Tien D, et al：STAR Protoc, 3：101263, doi:10.1016/j.xpro.2022.101263（2022）
10) Martin AP, et al：Sci Signal, 16：eadg6474, doi:10.1126/scisignal.adg6474（2023）
11) Qin W, et al：Cell, 186：3307-3324.e30, doi:10.1016/j.cell.2023.05.044（2023）
12) Tao AJ, et al：Nat Commun, 14：8016, doi:10.1038/s41467-023-43507-5（2023）

実践編　I．解析フロー

近接タンパク質情報のバイオインフォマティクス

土方敦司

近接依存性標識法によって検出されたタンパク質リストから，そのデータがもつ生物学的な意味を理解するうえでバイオインフォマティクスは必要不可欠なものとなっている．本稿では，データから意味のある情報を効率的かつ適切に抽出するためのバイオインフォマティクスツールとその実践的な活用法について紹介する．これらのツールは，ウェブブラウザを通して実行できるため，ソフトウェアのインストール等に不慣れな実験研究者でも利用しやすいものとなっている．タンパク質リストさえあればすぐにでもデータ解析をはじめることができるだろう．

はじめに

　近接依存性標識法によって，標的タンパク質と相互作用するタンパク質を網羅的に検出することが可能となっている．この技術の利点は，生きた細胞内での実際のタンパク質の相互作用を，非常に高い感度と特異性で検出できる点である．この方法を活用することで，標的タンパク質を中心とした，相互作用ネットワークの詳細を解析し，細胞の機能や疾患メカニズムの理解を深めるための洞察を得ることが可能となる．

　近接依存性標識法には，さまざまなアプローチが存在している．例えば，光応答性のプローブを利用する手法では，標的タンパク質と物理的に相互作用しているタンパク質を捉えることができる．一方で，BioIDなどのビオチン化酵素を用いる手法では，標的タンパク質の近傍に存在するタンパク質を網羅的に捕捉することが可能である．また，これらの手法で標識されたタンパク質を同定する方法も，質量分析や免疫学的な手法などさまざまであり，それぞれに特徴をもっている．例えば，質量分析を用いる手法では，ビオチン標識されたペプチドを直接検出することが可能であるため，細胞内で標的タンパク質とどのような相互作用を形成しているかの情報も取得することができる．いずれの方法においても，最終的には，相互作用するタンパク質のリストとして提示されることは共通である．検出されるタンパク質が少数である場合は，目視と手作業による解析も可能であるが，検出されるタンパク質の数が数百〜数千となると，コンピュータを用いた解析がどうしても不可欠である．本稿では，コンピュータの操作やプログラミング経験が少ない読者を考慮し，ウェブブラウザを通じてアクセス可能なバイオインフォマティクスのツールを用いて，近接依存性標識法から得られたデータを分析する方法を紹介する．これによって，標的タンパク質とその相互作用タンパク質を効果的に解析すること

が可能となるであろう.

準備

☐ **インターネットに接続されたコンピュータ**

　　本稿で紹介する解析ツールの多くは，インターネットを通じて利用する．モダンなウェブブラウザ（Google Chrome，Firefox，Safari，Microsoft Bingなど）が動作するコンピュータであれば，問題なく動作するはずである．大量のデータを解析したい場合は，高速インターネット回線が利用できる環境が望ましいだろう.

☐ **実験によって同定されたタンパク質のUniProtアクセッション番号のリスト**

プロトコール

　　本稿では，自身の手元に，実験によって同定されたタンパク質のUniProtアクセッション番号のリストをデータとしてもっていることを前提とする．例として，最近われわれが解析を行ったAirIDを使って同定したEGFRの近傍にあるタンパク質リス［1］から一部抜粋したものを用いる．UniProtでない他のデータベース（EnsemblやRefSeqなど）のIDであっても問題ない．後述するように，UniProtウェブサイトのID変換ツールによってUniProtアクセッション番号に変換可能である（UniProtに登録されている場合に限る）.

1. UniProtからタンパク質のアノテーション情報を取得する

　　解析の出発点として，同定されたタンパク質がどのような機能をもっているか，どこに局在するタンパク質なのかなどを知ることは重要である．UniProtデータベースは，世界最大規模のタンパク質に関するデータが収集されたデータベースの一つである［2］．UniProtウェブサイト（https://www.uniprot.org）には，Retrieve/ID mappingというサービスがあり，一括で複数のタンパク質について，そのアノテーション情報をとり出すことができる．この機能を使って，UniProtでアノテーションされている情報，例えば，酵素反応〔酵素の場合〕や細胞内局在，あるいはGene Ontologyといった統制語彙による注釈機能情報などをテーブルデータとして取得できる．このサービスでは，一度に10万件のタンパク質について処理することができるため，ほとんどのケースで問題なく利用できるだろう.

手順

❶ UniProtWebサイト（https://www.uniprot.org）にアクセスする.

❷ ページ最上段にあるID mappingをクリックする.

❸ 入力フォームに，タンパク質のUniProtアクセッション番号のリストを入力する（図1A）．リストの書かれたエクセルファイルやテキストファイルなどからコピー＆ペーストすると楽である.

❹ From databaseをUniProtKB AC/ID，To databaseをUniProtKBとする（デフォルトはこれ）.

64　リアルな相互作用を捉える近接依存性標識プロトコール

実践編　I. 解析フロー

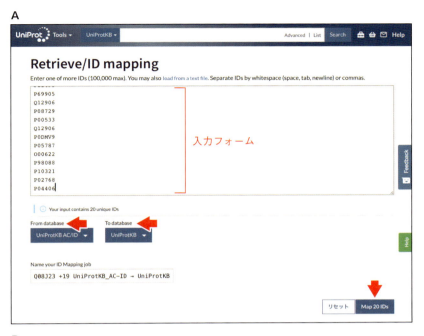

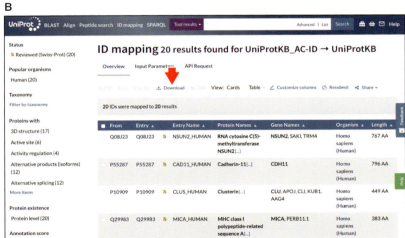

図1　UniProtのRetrieve/ID mappingからタンパク質情報を取得

❺ 画面右のMap IDsをクリックすると，画面が切り替わりジョブが開始される．
❻ StatusがCompletedとなったら，JobのIDまたはCompletedをクリックする．
❼ タンパク質エントリのリストが表示されたら，画面上側のDownloadをクリックする（図1B）．

❽ Downloadオプションの画面で，FormatメニューからTSVを選択する.

❾ 画面下に表示されるUniProt Dataから必要なアノテーションにチェックを入れてDownloadをクリックすると，TSVファイルがダウンロードされる.

❿ 手順❽で，FASTAを選択すれば，各エントリのマルチFASTAファイルがダウンロードされる.

　この操作によって，検出された相互作用タンパク質に関するリッチなアノテーション情報を手に入れることができる．タブ区切りテキスト（TSV）として保存しているので，エクセルなどの表計算ソフトウェアでデータを眺めたり，簡単な解析であればこれで十分事足りるだろう．しかしながら，対象生物がヒトなどのモデル生物でない場合や，機能が十分に調べられていないタンパク質については，アノテーション情報が得られないこともありうる．そうした場合は，以下に示すような予測手法を使って，タンパク質の情報を得る必要がある.

2. 膜タンパク質のトポロジー予測

　標的タンパク質が膜上にある場合，同定されたタンパク質が，膜貫通ヘリックスをもっているのか，あるいは膜タンパク質のトポロジー（どちらが細胞の外側か内側かを示す）の情報は，生体内での分子間相互作用の状態を理解するうえで重要な指標となる．特にBioIDと質量分析によるビオチン標識ペプチド検出法を組合わせたアプローチでは，得られたビオチン標識部位の情報と，ビオチン標識タンパク質のトポロジー情報を組合わせることにより，生体膜における標的タンパク質との相互作用の詳細を知ることが可能である．膜タンパク質の膜貫通部位やトポロジーの情報は，UniProtデータベースのアノテーション情報に記載されていることが多い．しかしながら，機能がまだよくわかっていないタンパク質などの場合，UniProtにはアノテーション情報が記載されていないこともある．そういう場合は，膜貫通部位の予測ツールが使える．膜貫通部位を予測するツールは古くから研究がなされている．SOSUI[3] に代表される配列のパターンと物理化学的な特徴から膜貫通部位を推定する手法，複数のアルゴリズムの予測結果のコンセンサスを用いて最終的な予測結果として出力するTOPCONS[4] などがある．近年では，深層学習アルゴリズムをとり入れたDeepTMHMM[5] が開発されている．これらの予測ツールはウェブサーバとして公開されており誰もが利用可能となっている．本稿では，DeepTMHMMウェブサーバ（https://dtu.biolib.com/DeepTMHMM）を紹介する．本手法は，プログラムでの処理を可能とするAPIを備えており，そのためのPython言語によるスクリプトファイルを提供している．原稿執筆時（2024年7月）のバージョンは，1.0.39となっている.

手順

❶ DeepTMHMMのウェブサイト（https://dtu.biolib.com/DeepTMHMM）にアクセスする（図2A）.

❷ マルチFASTAファイルをアップロードして，Runボタンをクリックする.

❸ 実行が完了すると，結果が表示される（図2B）.

リアルな相互作用を捉える近接依存性標識プロトコール

実践編　I. 解析フロー

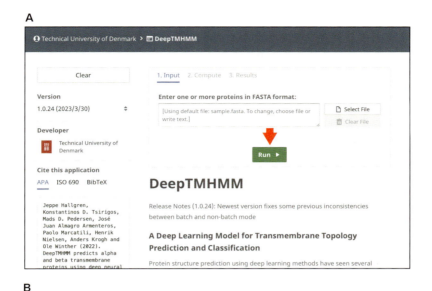

図2　DeepTMHMMを使ったタンパク質膜トポロジー予測

　結果は，GFF3形式または，3line形式（FASTA形式＋各残基のトポロジー予測結果）のファイルをダウンロードできる．いずれもテキストエディタなどで中身を確認することができる．GFF3形式とは，ゲノムアノテーションなどでも使われている形式であり，一行に一つのアノテーション情報が記述される．この場合においては，アミノ酸配列の各領域が，膜貫通ヘリックス（TMhelix），シグナルペプチド（signal），細胞外（outside），細胞内（inside）で表示される．また，3line形式において，入力タンパク質の各ヘッダには，①膜貫通部位をもつ（TM），②シグナルペプチドをもつ（SP），③いずれももたない球状タンパク質（GLOB）の分類が表示されている．

3. タンパク質の細胞内局在の推定

　データを解釈するうえで，同定されたタンパク質の本来の細胞内局在部位を知っておくことは重要である．なぜなら，データは標的タンパク質との共局在を示しており，タンパク質が期待される局在部位と異なる位置に存在する可能性があるからである．細胞内局在の情報も，前述の UniProt データベースから取得することができる．しかしながら，前述したとおり，アノテーション情報が必ずしもついているとは限らない．そのための手がかりを得る手段として，細胞内局在を予測する手法がある．

　細胞内局在を予測する手法も古くから開発されている．そのさきがけとなる PSORT[6] は，アミノ酸配列に内包された細胞内局在を示すシグナルペプチドのアミノ酸組成の特徴から細胞内局在を予測する手法である．最近では，タンパク質言語モデルと深層学習アルゴリズムをとり入れた DeepLoc[7] などが開発されている．ここでは，最新の DeepLoc 2.1 を用いて，同定タンパク質の細胞内局在を予測する．ちなみに，営利団体でも無償で利用することが可能である．

手順

❶ DeepLoc 2.1 ウェブサーバ（https://services.healthtech.dtu.dk/services/DeepLoc-2.1/）にアクセスする（図 3A）.

❷ Submit data フォームに，マルチ FASTA ファイルをペーストするか，ファイルをアップロードする.

❸ 画面下の submit ボタンをクリックする.

❹ しばらくすると結果が出力される.（配列数が 500 よりも多い場合は，数を減らして実行する必要がある）（図 3B）.

❺ サブミットした各タンパク質についての予測結果がグラフィカルに表示される.

❻ 結果ページの最上段にある，CSV Summary をクリックすると，結果ファイルが CSV 形式でダウンロードされる.

　DeepLoc 2.1 では，10種類の細胞小器官〔Cytoplasm（細胞質），Nucleus（核），Extracellular（細胞外），Cell membrane（細胞膜），Mitochondrion（ミトコンドリア），Plastid（葉緑体），Endoplasmic reticulum（小胞体），Lysosome/Vacuole（リソソーム／液胞），Golgi apparatus（ゴルジ体），Peroxisome（ペルオキシソーム）〕について，それぞれの局在性予測スコアを算出する．また膜との相互作用についても，Peripheral（周辺型），Transmembrane（貫通型），Lipid anchor（脂質アンカー型），Soluble（水溶性）の4種類で予測スコアを算出する．各ラベルについてそれぞれ予測の閾値が決められており，特定の細胞小器官のスコアが閾値を超えていれば，そのタンパク質はその細胞小器官への局在をすると予測されたことを示している.

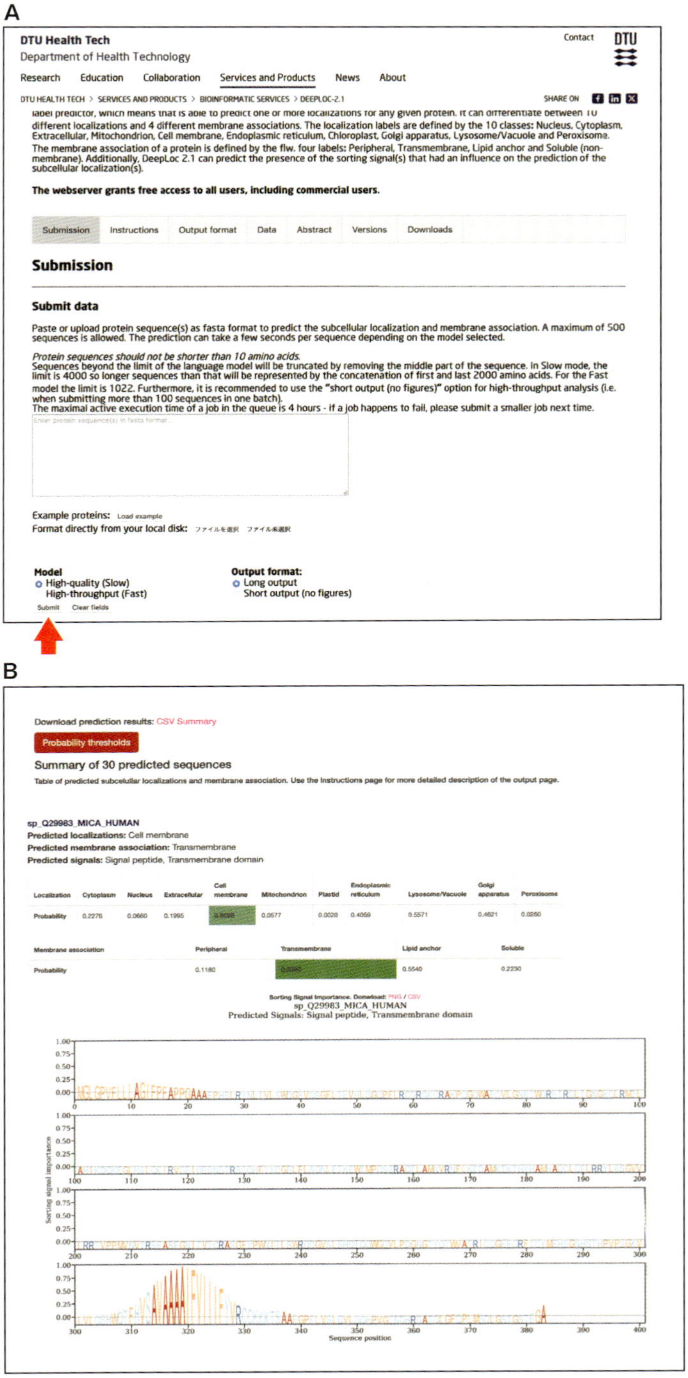

実践編　I. 解析フロー　**5**

A

B

図3　DeepLoc 2.1 を使った細胞内局在予測

4. インタラクトームのネットワーク解析

　最後に，同定された相互作用するタンパク質全体，すなわちインタラクトームの解析について説明する．標的タンパク質を中心としたインタラクトーム解析によって，生体内で実際に起きている生物学的プロセスの理解を深めることができる．ここでは，分子間相互作用ネットワークを解析するツールについて解説する．分子間相互作用データを扱うデータベースは，インターネット上で数多く公開されている．そのなかでも，STRING[8] は，タンパク質の物理的な相互作用データだけでなく，機能的な相互作用のデータについても扱っており，さまざまな生物種にわたる広範囲のデータをカバーしている．ユーザーが入力したタンパク質リストから，詳細な相互作用ネットワークを視覚化し，またそのリスト内のタンパク質がどの生物学的機能に富んでいるのかをエンリッチメント解析する機能を備えている．

手順

❶ STRINGウェブサーバ（https://string-db.org/）にアクセスし，画面右上のSEARCHを選択する．

❷ 画面左のメニューから，Multiple proteinsを選択する（図4A）．

❸ List Of Namesに，同定したタンパク質のUniProtアクセッション番号のリストをペーストする．または，リストファイルをアップロードする．

❹ Organismsで，生物種を指定する（多くの場合，自動で判定される）．

❺ SEARCHボタンをクリックする．

❻ 画面が切り替わり，各入力タンパク質とSTRINGデータベース内のエントリとのマッピング結果が表示される（図4B）．

❼ 特に問題がなければ，CONTINUEをクリックする．

❽ 画面上にタンパク質の相互作用ネットワーク図が表示される（図5A）．

　このネットワーク図では，タンパク質が丸（ノード），相互作用を線（エッジ）であらわしたグラフとして表現している．相互作用は物理化学的な相互作用や機能的な関連性など種類ごとに異なる色のエッジであらわされている．EGFRのノードから数多くのタンパク質に対してエッジが伸びており，EGFRを中心としたインタラクトームネットワークであることが見てとれる．別のタンパク質では，多くの分子と相互作用しているものとそうでないものとが混在していることがわかる．また，いくつかのタンパク質は，単独のノード（エッジでつながっていない）であることがわかる．これは，データベース中には，これらのタンパク質とEGFRとの相互作用情報がないことを意味し，今回の実験で見つかった相互作用は，新規の候補である可能性が高いことを示す．

　また，ネットワーク下段の，Analysisをクリックすると，ネットワークのタンパク質についての機能的エンリッチメント解析の結果が表示される（図5B）．これは，ネットワーク内のタンパク質のなかに，Gene OntologyやKEGGなど特定の機能やパスウェイに関連するタンパク質がどの程度「凝縮（エンリッチメント）」されているかを統計的に評価している．STRINGで

実践編　I. 解析フロー

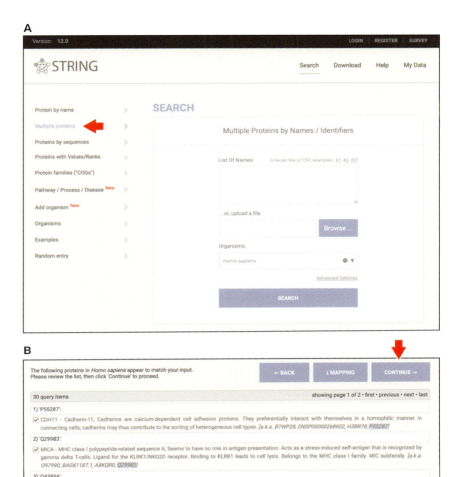

図4　STRINGデータベースを使ったインタラクトーム解析

71

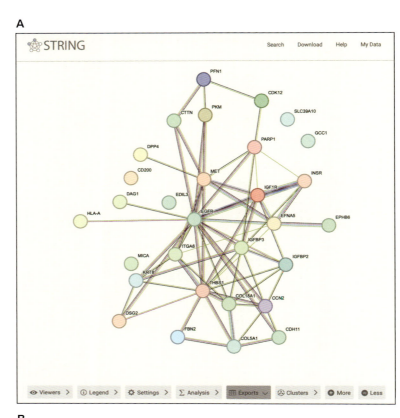

図5 STRINGデータベースによるネットワークグラフと機能エンリッチメント解析結果

はStrengthとFalse discovery rateの2種類の評価指標を用いている．Strengthは，タンパク質をランダムに抽出したときに比べて，その機能をもつタンパク質が何倍濃縮されているかをあらわす．False discovery rateは，統計検定をくり返し行ったときに間違って有意と判断してしまう偽陽性の割合をあらわす．いずれの評価指標についても明確な閾値はないため，自身が観察している生物学的現象と照らして妥当かどうかで判断する必要がある．

またSTRINGは，さまざまな形式でのデータエクスポート機能をもっている．特に，ネットワーク解析ソフトウェアであるCytoscape（https://cytoscape.org/）に直接データをエクスポートすることができる．自身のコンピュータ上でCytoscapeが起動していれば，そのうえでSTRINGの結果をそのまま表示させることができる．これは大きなデータセットの解析をする場合に有効である．Cytoscapeのインストールや基本的な使い方については，TogoTVの動画が参考になるだろう（https://togotv.dbcls.jp/20150707.html）．

おわりに

本稿では，近接依存性標識法によって同定されたタンパク質について，生物学的な意味の解釈を支援するため，ウェブブラウザからアクセス可能で使いやすいバイオインフォマティクスツールを用いた解析方法について紹介した．これらのツールは高性能であり，迅速に必要な情報にアクセスができると期待される．ただし，タンパク質の機能は未解明の部分も多いため，データベースのアノテーション情報が不完全なこともある．また，バイオインフォマティクスツールは，開発者の都合で仕様が変更されることもあるため，その点を留意する必要がある．

大規模なデータセットや複雑な解析が必要な場合には，Pythonなどのプログラミング言語を用いたアプローチが推奨される．本稿ではこれについては深く触れていないが，API（application programming interface）を通じてデータベースへのアクセスやツールを実行できるサイトも増えている．

解析ツールの開発は日々進化しており，新たなツールが登場する一方で，古いツールが消滅することもある．したがって，常に最新の情報を追い続けることが重要である．本稿ではすべてのツールを網羅することはできないが，選定したツールは相互作用タンパク質についての洞察を得るうえで役立つと期待している．

◆ 文献

1）Yamada K, et al：Nat Commun, 14：8301, doi:10.1038/s41467-023-43931-7（2023）
2）UniProt Consortium：Nucleic Acids Res, 51：D523-D531, doi:10.1093/nar/gkac1052（2023）
3）Hirokawa T, et al：Bioinformatics, 14：378-379, doi:10.1093/bioinformatics/14.4.378（1998）
4）Tsirigos KD, et al：Nucleic Acids Res, 43：W401-W407, doi:10.1093/nar/gkv485（2015）
5）Hallgren J, et al：bioRxiv, doi:10.1101/2022.04.08.487609（2022）
6）Horton P, et al：Nucleic Acids Res, 35：W585-W587, doi:10.1093/nar/gkm259（2007）
7）Ødum MT, et al：Nucleic Acids Res, 52：W215-W220, doi:10.1093/nar/gkae237（2024）
8）Szklarczyk D, et al：Nucleic Acids Res, 51：D638-D646, doi:10.1093/nar/gkac1000（2023）

実践編　Ⅰ．解析フロー

in vitro での生化学的相互作用解析

森下　了

本稿で紹介する技術は，近接依存性ビオチン化酵素 AirID を融合した標的タンパク質と，そのタンパク質と相互作用する可能性のあるタンパク質を *in vitro* でそれぞれ調製し相互作用解析に用いることで，タンパク質間の直接結合の確認を可能とする．無細胞翻訳系を用いることにより複数のタンパク質を簡便に調製し，近接ビオチン標識法を用いることで微弱な相互作用検出に対しても有効である．また *in vitro* 試験であるため柔軟な反応系を構築することが可能で，化合物等のモダリティ共存下でのタンパク質間相互作用解析の実施も容易である．

はじめに

細胞や個体を用いた近接ビオチン標識法による相互作用解析は，質量分析法を用いることで標的タンパク質（ベイトタンパク質）と相互作用するタンパク質（プレイタンパク質）の包括的な探索に有用である．しかし，直接的な相互作用を確認するには生化学的（*in vitro*）な手法により相互作用解析を行う必要がある．これまでに *in vitro* での相互作用解析法にはさまざまな手法が開発されており，共免疫沈降法やプルダウンアッセイ法，架橋反応法，表面プラズモン共鳴法，FRET 法などがあげられるが，タンパク質調製の煩雑さや特異抗体の必要性，アフィニティーの弱い相互作用の解析に適用が難しいなど従来法にはいくつかの問題点がある．本稿では，これらの問題点の解決に近接ビオチン標識法を利用し，無細胞翻訳系によるベイト／プレイタンパク質の調製法と，それらタンパク質を使用したタンパク質間相互作用に適用できる2種類の解析方法を紹介する．

原理

1. コムギ胚芽無細胞系を用いたタンパク質調製

タンパク質の調製は一般的に，大腸菌，酵母，昆虫細胞，哺乳動物細胞，無細胞翻訳系が利用されるが，細胞を使用した複数のタンパク質の同時調製は手間がかかるため，そのような場合は無細胞翻訳系が選択されることが多い．無細胞翻訳系には大腸菌，昆虫細胞，ウサギ網状赤血球などの細胞抽出液が用いられるが，なかでもコムギ胚芽系は真核生物型の翻訳機構をも

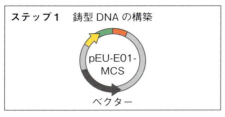
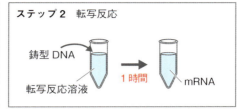
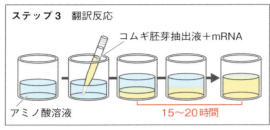

図1　コムギ胚芽無細胞系を用いたタンパク質調製手順[1]
ステップ1）コムギ無細胞タンパク質合成専用のpEUベクターに目的タンパク質配列を組込む．**ステップ2）**得られた鋳型DNAを用いた転写反応により，翻訳反応に必要なmRNAを調製する．**ステップ3）**得られたmRNAをコムギ胚芽抽出液と混合し，基質であるアミノ酸とエネルギー源であるATP，GTPを含むバッファーの下部に重層する．この操作により翻訳反応が持続し効率よくタンパク質を調製することができる．**ステップ4）**翻訳反応後液を用いてSDS-PAGEを行い，CBB染色により目的タンパク質の合成を確認する．

ち，またコドン使用頻度の偏りによる翻訳への影響も受けにくいため，可溶化率と発現率に優れていることが知られている．実験手法としては翻訳機構を含むコムギ胚芽抽出液に基質であるアミノ酸とエネルギー源であるATP，GTPを含むバッファーを混合し，翻訳鋳型として目的タンパク質のmRNAを加えるだけでタンパク質を調製することができる（図1）．必要な試薬類はセルフリーサイエンス社から市販されており，本稿では，ベイトタンパク質にAirID[2]を融合させ，プレイタンパク質にはFLAGタグとGSTタグを融合して調製することで，後述の2種類の解析手法に用いる調製法を説明する．

2. アルファスクリーンを用いたホモジニアス相互作用アッセイ

アルファスクリーンは2種類の検出ビーズにそれぞれ解析対象分子を結合させて混和することで，対象分子間の相互作用を検出する技術である．例えば2種類のタンパク質の一方にドナービーズ，他方にアクセプタービーズを結合させ混和すると，タンパク質間の相互作用が起こった場合に限りビーズの近接により化学発光が発生し，相互作用を測定することができる．検出ビーズにはさまざまなタイプが市販されているが，前述のAirIDを融合したベイトタンパク質とFLAG／GSTタグを融合したプレイタンパク質を用いる場合，相互作用した結果としてプレイタンパク質がビオチン標識されるため，このビオチン標識タンパク質を検出できるストレプトアビジンドナービーズとFLAGもしくはGST用アクセプタービーズを選択する（図2①）．アルファスクリーンはタンパク質の精製や洗浄工程が不要なホモジニアスアッセイ系であり，コムギ胚芽抽出液に内在する共雑タンパク質存在下でも特異的な相互作用を検出できる．本手

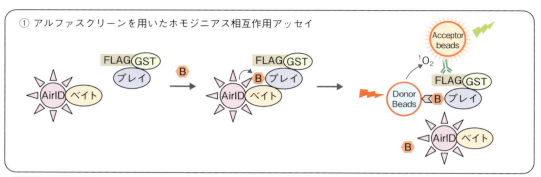

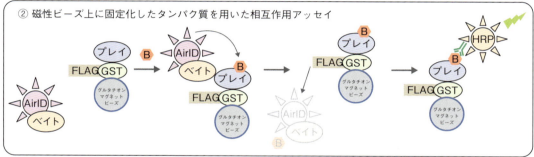

図2 各相互作用アッセイ原理
① アルファスクリーンを用いたホモジニアス相互作用アッセイ．AirID融合ベイトタンパク質とFLAG／GSTタグ融合プレイタンパク質をビオチン存在下で反応させる．相互作用した結果としてプレイタンパク質がビオチン標識され，プレイタンパク質上のビオチンにはストレプトアビジンドナービーズが，FLAGには抗FLAG抗体アクセプタービーズが結合し，生じるエネルギーを検出することで相互作用を確認する．$^1O_2$：一重項酸素．② 磁性ビーズ上に固定化したタンパク質を用いた相互作用アッセイ．AirID融合ベイトタンパク質とグルタチオン標識磁性ビーズに結合させたFLAG／GSTタグ融合プレイタンパク質をビオチン存在下で反応させる．相互作用した結果として，プレイタンパク質がビオチン標識され，続いて洗浄操作を行うことで，ベイトタンパク質や未反応のビオチンを反応系から除去する．残ったプレイタンパク質上のビオチンに結合したHRP標識抗ビオチン抗体から生じる化学発光を検出することで相互作用を確認する．

法は，解析する試料と試薬を混和するだけで作業は完結するため，複数のタンパク質間相互作用解析に適しているが，反応系に加えるビオチンの終濃度に制限がある点と2種類のビーズと検出に用いる専用装置が高価である点に課題がある．

3. 磁性ビーズ上に固定化したタンパク質を用いた相互作用アッセイ

プルダウンアッセイ法などの従来の相互作用解析法は，ペプチド，タンパク質，蛍光プローブなどの検出可能なタグをもつベイトタンパク質を使用することを必要としており，膜や担体に固定化したプレイタンパク質との相互作用を複合体形性として検出する．非常に明確な相互作用結果を得ることができるが，一方で非特異的なシグナルやバックグラウンドシグナルを低減するために強力な洗浄工程を必要とし，特定の結合のみが保持されるような洗浄条件を決定することは非常に困難である．これらの方法で得られた結果は強い相互作用が優位となり弱い相互作用は見落とされる課題があるが，近接依存性標識法を利用することで課題を解消することができる．前述のFLAG／GSTタグを融合したプレイタンパク質をグルタチオン標識磁性

実践編　I. 解析フロー

ビーズに固定化し，AirIDを融合したベイトタンパク質と反応させると，相互作用反応の結果
は，磁性ビーズに固定化されたプレイタンパク質上のビオチン標識として残る（図2②）．その
ため，反応後の洗浄工程によりAirID融合ベイトタンパク質とプレイタンパク質の複合体が解
離しても問題無く，非特異的なシグナルやバックグラウンドシグナルを低減するためにあえて
強力に洗浄を行い，AirID融合ベイトタンパク質を含む反応混合物を洗浄することが可能であ
る．検出には，プレイタンパク質とベイトタンパク質間の結合は必要なく，プレイタンパク質
上のビオチン標識を必要とするのみである．

準備

1. コムギ胚芽無細胞系を用いたタンパク質調製

☐ コムギ無細胞タンパク質合成用ベクター：pEUベクター（セルフリーサイエンス社）

☐ コムギ無細胞タンパク質合成試薬キット：Premium PLUS Expression Kit（セルフリーサイ
エンス社）

☐ 37℃および15℃に対応可能な恒温槽

☐ SDS-PAGE用試薬：一般的なポリアクリルアミドゲル電気泳動試薬と泳動装置

2. アルファスクリーンを用いた相互作用アッセイ

☐ タンパク質合成反応液：AirID融合ベイトタンパク質，FLAG／GSTタグ融合プレイタンパ
ク質（プロトコール1にて調製）

☐ 25 μM D-Biotin：Biotin Solution（Avidity社）

☐ 1 M NaCl

☐ AlphaScreen detection kit：FLAG（M2）detection kit（Acceptor Beads, Donor
Beads含む）（Revvity社）

☐ ASアッセイバッファー：100 mM Tris-HCl（pH 8.0），100 mM NaCl，0.05 % Tween-20，
1 mg/mL BSA

☐ AS Beads mix：Acceptor Beads 0.1 μL，Donor Beads 0.1 μL，ASアッセイバッファー
9.8 μL

☐ 25℃に対応可能な恒温槽（サーマルサイクラー）

☐ アルファスクリーン測定用プレート：AlphaPlate 384-well，light gray（Revvity社）

☐ アルファスクリーン測定用プレートリーダー：Nivoマルチモード マイクロプレートリーダー
等（Revvity社）

3. 磁性ビーズ上に固定化したタンパク質を用いた相互作用アッセイ

☐ タンパク質合成反応液：AirID融合ベイトタンパク質，FLAG／GSTタグ融合プレイタンパ
ク質（プロトコール1にて調製）

☐ グルタチオン標識磁性ビーズ：MagneGST Glutathione Particles（プロメガ社）

☐ ビーズ洗浄バッファー：140 mM NaCl，4.2 mM Na_2HPO_4，10 mM KCl，2 mM KH_2PO_4，
0.1 % Tween-20，0.5 % BSA，4 mM DTT

- [ ] サンプル反応バッファー：$1 \times$ PBST（0.05 % Tween-20），4 mM DTT，5 μM D-Biotin，1 mM ATP
- [ ] サンプル洗浄バッファー：$1 \times$ PBS，0.5 M NaCl，1 % Triton X-100
- [ ] HRP標識抗ビオチン抗体：Anti-biotin, HRP-linked Antibody（Cell Signaling Technology社）
- [ ] 抗体反応バッファー：$1 \times$ PBS，$1 \times$ Synthetic Block（Thermo Fisher Scientific社）
- [ ] 抗体洗浄バッファー：$1 \times$ PBST（0.05 % Tween-20）
- [ ] ペルオキシダーゼ発光基質溶液：イムノスターLD（富士フイルム和光純薬社）
- [ ] マグネットスタンド：MagneSphere Technology Magnetic Separation Stands（プロメガ社）
- [ ] マグネットプレート：DynaMag-96 Side Magnet（Thermo Fisher Scientific社）
- [ ] 25℃に対応可能な恒温槽（サーマルサイクラー）
- [ ] 化学発光測定用画像解析装置：Amersham ImageQuant（Cytiva社）等

プロトコール

1. コムギ胚芽無細胞系を用いたタンパク質調製

AirIDを融合したベイトタンパク質と，FLAG／GSTタグを融合したプレイタンパク質をコムギ無細胞系にて合成し，**プロトコール2**および**3**の相互作用アッセイに用いる．どちらの試験も翻訳後反応液をそのまま使用するので，精製工程は不要である．タンパク質調製に用いる試薬は市販のキットにすべて含まれており，プロトコール通りに使用すればよい．目的タンパク質配列が挿入された鋳型DNAのみ調製すればよい．

❶ 鋳型DNAの構築

コムギ無細胞タンパク質合成専用のpEUベクターにAirIDおよびベイトタンパク質配列を組込む．AirIDの融合位置は可能であればN末端とC末端の2種類を作製して試験するとよい．プレイタンパク質はN末端にFLAG／GSTタグを融合させる形でpEUベクターに組込む．作製したプラスミドは一般的な精製キットで調製し，1 μg/μLに濃度調製する[*1]．

> [*1] プラスミド精製キットで調製したプラスミド溶液には多量のRNaseが存在しているので，RNaseを失活させるためにフェノール／クロロホルム処理が必須である．無細胞タンパク質合成はRNAをとり扱う実験と認識して行う必要がある．

❷ 転写反応

❶で調製したプラスミドを使用し，転写反応を行う．Premium PLUS Expression Kitは転写溶液および翻訳溶液がプレミックスの状態となっているので，転写反応には❶で調製したプラスミドを転写プレミックスに加えるのみである．転写反応は37℃，1時間保温する．

❸ 翻訳反応

❷で調製したRNAを使用し，翻訳反応を行う．Premium PLUS Expression Kitは翻訳溶液もプレミックスの状態となっているので，翻訳反応には転写後反応液を翻訳プレミックスに加えるのみである．相互作用アッセイには翻訳反応後溶液をそのまま使用する．翻訳反応は15℃，約15時間程度の保温時間が必要であるため，終業前に翻訳反応を開始すると，翌

実践編　I. 解析フロー

日始業時から相互作用反応を行うことができる[*2].

> *2　翻訳反応がうまくいかない場合は，転写反応後のRNAが分解している場合が多い．転写後反応液をアガロースゲル電気泳動により分解していないことを確認してから，翻訳に進むとよい．

❹ SDS-PAGEによる合成タンパク質の確認

翻訳後反応液中には目的タンパク質が約$20 \sim 50$ ng/μLで合成されていることが多い．SDS-PAGEには1レーンあたり❷の翻訳反応後液を3 μL程度用いることでCBB染色での合成タンパク質の確認が可能である[*3].

> *3　タンパク質によっては可溶性がよくない場合がある．相互作用アッセイの検出シグナルが得られない可能性があるので，翻訳中に低濃度の界面活性剤（例えば0.04 % Brij-35など）を加えることで，可溶性が向上する場合がある．金属イオン要求性の場合は該当する金属イオンを添加することで改善が見込まれる可能性もある．

2. アルファスクリーンを用いた相互作用アッセイ

プロトコール1で調製したAirID融合ベイトタンパク質溶液とFLAG／GSTタグ融合プレイタンパク質溶液を混和し，相互作用した結果として生じるビオチン標識プレイタンパク質をアルファスクリーン技術により検出することで，タンパク質間相互作用を確認する．ホモジニアス系であるため手順が非常に単純であり，目的タンパク質の合成量や可溶性によっては濃度調製が必要な場合もあるが，おおむね翻訳後反応液をそのまま使用することで検出シグナルを得られることが多い．

❶ タンパク質間相互作用反応（ビオチン標識反応）

PCRチューブに，25 μM D-Biotin 0.5 μL，1 M NaCl 1.25 μL，Nuclease-Free Water 0.75 μL，AirID融合ベイトタンパク質溶液5 μL，FLAG／GSTタグ融合プレイタンパク質溶液5 μL，を加え混和し，25 ℃で3時間保温する[*4].

> *4　D-Biotinは終濃度1 μM，NaClは終濃度100 mMになっていればよいので，反応液としてあらかじめ混合しておいてもよい．反応後液中のフリーのビオチンはアルファスクリーン反応を阻害するので，検出シグナルが低い場合はビオチン濃度を変更せずに保温時間を延長させる．

❷ 検出反応（アルファスクリーンアッセイ）

アルファスクリーン測定用プレートのウェルに，ASアッセイバッファー14 μLと❶の反応後液1 μLを加え，さらにAS Beads mix 10 μLを加えて混和し，遮光状態で25 ℃で1時間保温する．保温後のプレートをアルファスクリーン測定用プレートリーダーにてシグナル強度を測定する[*5].

> *5　アルファスクリーン試薬（アクセプタービーズ，ドナービーズ）をとり扱う際は，すべて暗所で作業をすることが望ましい．

3. 磁性ビーズ上に固定化したタンパク質を用いた相互作用アッセイ

プロトコール1で調製したFLAG／GSTタグ融合プレイタンパク質溶液をグルタチオン標識磁性ビーズと混和し，磁性ビーズにプレイタンパク質を固定化させる．AirID融合ベイトタンパク質溶液を加え，相互作用した結果として生じるビオチン標識プレイタンパク質を抗ビオチ

79

ン抗体により検出し，タンパク質間相互作用を確認する．ホモジニアス系のアルファスクリーン反応と異なり，プレイタンパク質が固定化された磁性ビーズを洗浄することが可能であるため，タンパク質間相互作用反応（ビオチン標識反応）に高濃度のビオチンを使用しても非特異的なシグナルやバックグラウンドシグナルが高くなることはなく，鋭敏な検出が期待できる．

❶ 磁性ビーズの事前準備

1.5 mLチューブに，グルタチオン標識磁性ビーズ（25％スラリー）80 μLとビーズ洗浄バッファー180 μLを加えて懸濁し，マグネットスタンドを用いて磁性ビーズをチューブ内壁に集合させ溶液を除去する．続いてビーズ洗浄バッファー180 μLを加えて懸濁／溶液除去を3回くり返し，最後にビーズ洗浄バッファー180 μLを加えて，グルタチオン標識磁性ビーズ（10％スラリー）を調製する[*6].

> [*6] 磁性ビーズは丁寧に懸濁し，マグネットスタンドを用いて溶液が清澄になるまで静置し，注意深く溶液を除去すること．

❷ プレイタンパク質の磁性ビーズへの固定化

PCRチューブに，FLAG／GSTタグ融合プレイタンパク質溶液 10 μLと❶で調製したグルタチオン標識磁性ビーズ（10％スラリー）5 μLを混和させ，室温（25℃）で30分間結合させる．反応中は，5分ごと程度にタッピングにて溶液を混和させる．反応後，マグネットプレートを用いて磁性ビーズをチューブ内壁に集合させ溶液を除去する．続いてビーズ洗浄バッファー25 μLを加えて懸濁／溶液除去を4回くり返し，最後にビーズ洗浄バッファー199.5 μLを加えて，FLAG／GSTタグ融合プレイタンパク質固定化磁性ビーズ懸濁液を調製する[*7].

> [*7] タッピングの際にチューブ内で溶液が飛び散らないように丁寧に行う．弱めのスピードで振盪器を用いることも可能．また洗浄時の溶液の除去も❶と同様に丁寧に行う．

❸ タンパク質間相互作用反応（ビオチン標識反応）

PCRチューブに，❷のFLAG／GSTタグ融合プレイタンパク質固定化磁性ビーズ懸濁液 6.25 μLを加えて，マグネットプレートを用いて磁性ビーズをチューブ内壁に集合させ溶液を除去する．続いて，サンプル反応バッファー 9 μL，AirID融合ベイトタンパク質溶液 1 μLを加えて混和し，室温（25℃）で1時間相互作用反応（ビオチン標識反応）させる．反応中は，5〜10分ごと程度にタッピングにて溶液を混和させる[*8].

> [*8] タッピングの際にチューブ内で溶液が飛び散らないように丁寧に行う．弱めのスピードで振盪器を用いることも可能．後の検出シグナルが低い場合は，相互作用反応時間を3時間以上に伸ばしてみる．

❹ 磁性ビーズの洗浄

❸の反応後，マグネットプレートを用いて磁性ビーズをチューブ内壁に集合させ溶液を除去する．続いてサンプル洗浄バッファー25 μLを加えて10分間の懸濁（タッピング）と溶液除去を3回くり返す[*9].

> [*9] タッピングの際にチューブ内で溶液が飛び散らないように丁寧に行う．弱めのスピードで振盪器を用いることも可能．

❺ 抗ビオチン抗体の反応

❹のチューブ内に抗体反応バッファーで200倍に希釈したHRP標識抗ビオチン抗体 10 μL を加えて混和し，室温（25℃）で1時間反応させる．反応中は，5〜10分ごと程度にタッピングにて溶液を混和させる[*9]．

❻ 磁性ビーズの洗浄

❺の反応後，マグネットプレートを用いて磁性ビーズをチューブ内壁に集合させ溶液を除去する．続いて抗体洗浄バッファー 25 μL を加えて10分間の懸濁（タッピング）と溶液除去を3回くり返す[*9]．

❼ 検出反応（HRP標識抗ビオチン抗体による化学発光検出）

❻のチューブ内に抗体洗浄バッファー 25 μL を加えて懸濁し，溶液を丸底96ウェルプレートに移す．マグネットプレートを用いて磁性ビーズをウェル底面に集合させ溶液を除去した後，ウェル内にペルオキシダーゼ発光基質溶液 25 μL を加え，化学発光測定用画像解析装置にてシグナルを検出する[*10]．

> [*10] 磁性ビーズを含む溶液はチップ内にビーズが残らないように，丁寧にウェルプレートに移す．ウェルプレート内に溶液が残ってしまうと発光検出に影響が出る場合があるので，丁寧にできるだけ除去する．化学発光の検出が強すぎたり弱すぎたりすることもあるので，露光時間を適切に調整する．

実験例

本稿で紹介した手法を用いて，タンパク質間相互作用を検出した実験例を紹介する．AirIDに融合するベイトタンパク質としてTP53，IκBα，それぞれ相互作用するプレイタンパク質としてMDM2，RelA を FLAG／GST タグ融合型として選択し，**プロトコール**の**1**の手順でタンパク質を調製した（図3①）．CBB染色によりタンパク質が明瞭に検出され，続いてこれらタンパク質溶液を用いて相互作用解析を行った．**プロトコール**の**2**の手順でアルファスクリーンを用いたアッセイを行い，それぞれTP53-MDM2，IκBα-RelAの組合わせでのみシグナルが検出されており，特異的な相互作用を検出することができた（図3②）．**プロトコール**の**3**の手順による磁性ビーズ上に固定化したタンパク質を用いたアッセイでも同様に，それぞれ特異的な相互作用を検出することができた（図3③）．以上のように無細胞系を用いたタンパク質調製と近接依存性標識法を利用した相互作用方法により，簡便にタンパク質間の直接の相互作用を検出することができる[3]．さらにMolecular Glue（分子のり）やPROTAC（標的タンパク質分解誘導化合物）などを用いた化合物依存的なタンパク質間相互作用も同様に確認できる[4]（図4①②）．アルファスクリーンアッセイはホモジニアス系のため，化合物の種類によっては測定系を阻害してしまう場合があるが，磁性ビーズを用いたアッセイは洗浄操作で未反応化合物も除去するので，測定系への影響が少ない．

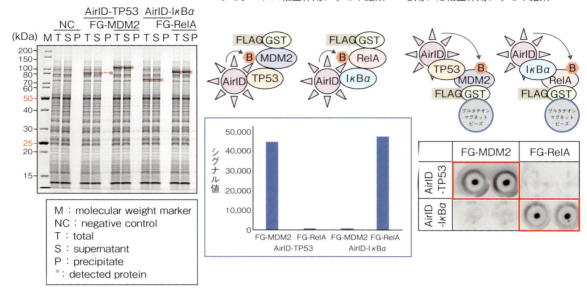

図3 各相互作用アッセイによる実験例

① タンパク質合成結果．＊マークが合成したタンパク質を示している．多くのタンパク質はCBB染色で確認することができる．② アルファスクリーンを用いたホモジニアス相互作用アッセイ．③ 磁性ビーズ上に固定化したタンパク質を用いた相互作用アッセイ．いずれのアッセイでも，TP53-MDM2，IκBα-RelAの組合わせでのみシグナルが検出され，特異的に相互作用反応を確認できている．

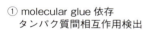

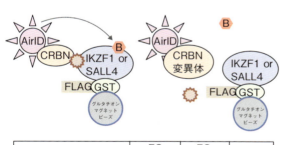

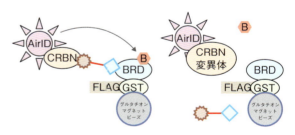

図4 化合物依存タンパク質間相互作用検出例[4]

① molecular glue依存タンパク質間相互作用検出．ポマリドミド（pomalidomide）を介したCRBN（cereblon）と，IKZF1もしくはSALL4との化合物依存タンパク質間相互作用を検出した．ポマリドミドが結合できないCRBN変異体では相互作用を確認できない．② PROTAC依存タンパク質間相互作用検出．二価性化合物であるARV-825を介したCRBNとBRDタンパク質との化合物依存タンパク質間相互作用を検出した．ARV-825はサリドマイド骨格をもち，サリドマイドが結合できないCRBN変異体では相互作用を確認できない．

実践編　I. 解析フロー

【参考技術】プロテインアレイを用いた相互作用アッセイ

磁性ビーズを用いたアッセイの応用技術として，384穴プレートなどのマルチプレート上の各ウェルに数十から数百種類のタンパク質を磁性ビーズにより固定化したプロテインアレイを構築することができれば，AirID融合ベイトタンパク質と相互作用するタンパク質をアレイ上でスクリーニングすることができる．筆者らは，2万種規模のヒト組換えタンパク質をとり揃えたヒトプロテインアレイを構築し大規模な相互作用解析の例を報告している[3)][5)]（図5）．さらに，例えばキナーゼやE3リガーゼなど機能ごとにグループ分けしたプロテインアレイを調製し，相互作用パートナーを網羅的に探索することも，モダリティ共存下でのタンパク質ファミリー間の相互作用強度の変化を確認することも可能である．

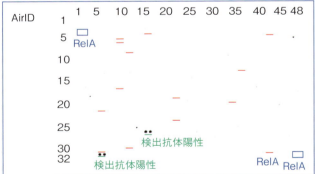

図5　プロテインアレイを用いた相互作用アッセイ例[3)][5)]
ベイトタンパク質としてIκBαを用いて，プロテインアレイ上の相互作用タンパク質をAirIDによる近接依存性標識法で確認した．AirID融合IκBαを添加した場合，ポジティブコントロールのRelA（青枠）に加えていくつかの陽性候補が検出された（赤下線）．これらの検出シグナルはAirIDのみを添加した場合に消失したため，IκBαと特異的に相互作用する陽性候補を網羅的に検出することができた．（右図はセルフリーサイエンス社webページhttps://www.cfsciences.com/products/Intermolecular-interaction-analysis-service/interactionより転載）

おわりに

　本稿で紹介した技術は，個体および細胞内で得られたタンパク質間相互作用の生化学的な解析を簡便に行うことが可能であり，質量分析法による相互作用解析を補完する技術として有用である．近接依存性標識法を用いることで，タンパク質複合体形成時の洗浄課題を解消することができ，従来法とは異なる感度でタンパク質間相互作用解析結果を得ることが期待できる．また表現型スクリーニングで得られた生理活性物質の標的タンパク質同定は困難であるが，本手法を応用し生理活性物質を AirID に結合することで，同様のスクリーニングが原理的に可能である．近接依存性標識法を用いた技術開発がさらに進み，生化学的な相互作用解析を強力に後押しするツールとして利用されることを期待している．

◆ 文献

1 ）Morishita R, et al「Methods of Mathematical Oncology」（Suzuki T, et al, eds），pp255-265, Springer, 2021
2 ）Kido K, et al：Elife, 9：e54983, doi:10.7554/eLife.54983（2020）
3 ）Sugiyama S, et al：Sci Rep, 12：10592, doi:10.1038/s41598-022-14872-w（2022）
4 ）Yamanaka S, et al：EMBO J, 40：e105375, doi:10.15252/embj.2020105375（2021）
5 ）Morishita R, et al：Sci Rep, 9：19349, doi:10.1038/s41598-019-55785-5（2019）

CF-PPiD：タンパク質間相互作用解析サービス

近接依存性ビオチン標識酵素 AirID と、MaZiQ array™ を組み合わせることで、各種モダリティとタンパク質とのゲノムワイドな相互作用の**高感度解析**を実現しました。『標的タンパク質分解薬』開発に、新規 E3 リガーゼ探索、オフターゲット評価に !!

MaZiQ array™

MaZiQ array™（Magnetic beads device for the zest interactome quest array）は、約 28,000 種類のヒトクローンライブラリ、タンパク質非変性固定化技術、およびコムギ無細胞タンパク質合成技術の 3 つの技術を合わせて開発されたアレイです。ゲノムワイドな解析サービスに加えて、ライブラリから E3 リガーゼ、キナーゼ等を選択したカテゴリーアレイ（E3 リガーゼアレイ:572 types , キナーゼアレイ: 457 types, DNA 結合 /RNA 結合タンパク質アレイ , 膜タンパク質アレイ等）を用いる解析サービスも提供しています。

世界最大のヒトクローンライブラリー

タンパク質非変性固定化技術

コムギ胚芽無細胞タンパク質合成技術

近接依存性ビオチン標識技術の反応スキーム

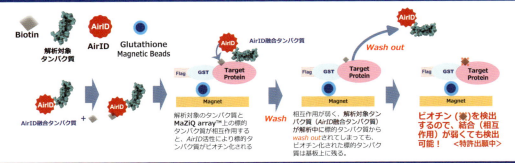

実施例：PROTAC®(化合物依存的タンパク質間相互作用）の解析

2 価性化合物（PROTAC® 等）の解析にも有効なツール！

Cereblon x ARV-825 (PROTAC®) x BRD

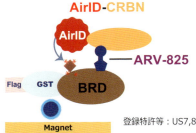

	BRD2	BRD3	BRD4	IKZF1	SALL4	Venus
AirID-CRBN	••	•	••	•	••	•
AirID-CRBN mutant						

登録特許等：US7,838,640、US7,919,597、意匠 1,504,730、意匠 1,504,916、特許 4,972,008.
PROTAC® は Arvinas Operations, Inc., の登録商標です。

株式会社セルフリーサイエンス
〒230-0045　神奈川県横浜市鶴見区末広町 1-6　横浜バイオ産業センター
Tel: 045-345-2625　Fax: 045-345-2626　www.cfsciences.com/

実践編 Ⅱ. 各生物種での解析

7 マウス生体内BioID法の実践に向けたマウス作製法とビオチン化誘導法

谷内一郎，原田淳司

　本実験はマウス生体内でBioID法を実施するための生体研究試料として標的タンパク質−ビオチンリガーゼの融合タンパク質を発現するマウスの樹立が目的となる．作製法としては，大きく内在性の標的タンパク質にビオチンリガーゼを付与して融合タンパク質を発現させる方法と外来性に融合タンパク質を発現するトランスジェニック（Tg）マウスを作製する方法がある．それぞれの方法の利点や特徴を理解し，作製法としての簡易性，確実性，外部業者への委託を含めた必要経費，実験者の経験値等を考慮して，作製法を選ぶことがポイントとなる．

はじめに

　　BioID法の原理は原理編で詳細に記載されていることから，本稿では生体試料として標的タンパク質−ビオチンリガーゼ融合タンパク質を発現するマウスの作製への戦略を述べる．まずビオチンリガーゼの選択についてであるが，現在ではBioID用に多種類のビオチンリガーゼが開発されている現状にある．各ビオチンリガーゼの特徴の詳細については，原理編−1に記載されているので，本稿では割愛する．ただUltraIDの開発[1]のようにビオチンリガーゼの最小化をめざす開発の背景にあるのは，最小化により標的タンパク質の機能に及ぼす影響を最小化したい目的の他に，相同組換えによる内在性標的タンパク質へのビオチンリガーゼのノックイン挿入にはビオチンリガーゼをコードするDNA断片が短い方が望ましいという背景がある．CRISPR/Cas9を用いたゲノム編集法が開発されたことで，点変異の導入ばかりでなくペプチド配列やタンパク質（例えばGFPをはじめとする蛍光タンパク質）を標的タンパク質へノックイン挿入することも可能となっている．しかしながら挿入するDNA断片の長さに比例して挿入効率は下がることから，1 kbを超えるDNA断片の挿入が成功する効率は各実験により異なるものの軒並み低いのが現状である．資金が豊富な研究室なら効率が低いことを前提に数打てば当たるとゲノム編集をかける受精卵の数を増やすことで対応することも可能であるが，それでもノックイン個体が樹立できる保証はない．マウス系統の樹立は妊娠期間や交配過程に時間を要する実験系であり，結果が伴わない場合の精神的ストレスも大きい．作製したBioIDマウスが研究の目的に沿わないものであると判明した場合に新たに別のマウス系統を再作製することは可能な限り避けたいことを意味する．その観点からもビオチンリガーゼの選択は重要となり，マウス作製に移る前に細胞レベルでどのビオチンリガーゼを標的タンパク質のどの部分に挿入

実践編　II. 各生物種での解析

するか検討する予備実験を行うことが安全であり，重要と言える．ただマウス作製が容易であるという観点で安易に小さいビオチンリガーゼを選択する必要はなく，以下に述べる方法でAirIDやTurboIDの挿入は十分に可能である．

本稿では，作製する標的タンパク質-ビオチンリガーゼ融合タンパク質の構造が決定した後に，この融合タンパク質を発現する遺伝子改変マウスの作製法に関してその手順と注意点を解説する．

1　相同組換えを利用した，内在性遺伝子へのビオチンリガーゼのノックインマウス作製法の手順

本書の原理編で議論されているようにマウス生体内BioID法を行う最善の方法は内在性の標的タンパク質にビオチンリガーゼを付与する方法であり，この目的のためには相同組換えを利用することになる．CRISPR/Cas9によるゲノム編集法が開発される前は，目的のDNA断片（BioID法ではビオチンリガーゼcDNA）のノックイン挿入にはES細胞内での相同組換えを利用する遺伝子標的法（gene targeting）しか選択肢がなかった．古典的遺伝子標的法ではtargeting vectorに挿入する相同領域の長さが相同組換え効率に影響するといわれ[2]，ある程度の長さ（一般的には3 kb以上）の相同領域を組み入れたtargeting vectorの構築に時間を要することが問題であった．現在では相同組換えを起こすゲノム領域にCRISPR/Cas9により二本鎖DNA切断を導入することで500 bp以下の短い相同領域を有するmini targeting vectorで高率に相同組換え体が取得できるようになった[3]．またマウス受精卵にCRISPR/Cas9によるゲノム編集を行い数kbのcDNAをノックイン挿入した成功例も耳にすることから，ゲノム編集によりビオチンリガーゼDNA断片をノックイン挿入することも不可能ではない．まずはどの方法を選ぶか判断する手順から述べたい．

身も蓋もない話で恐縮だが，一番労力がかからない方法は遺伝子改変マウス作製受託サービスを行っている外部業者にすべて依頼することである．この場合，作製期間は業者任せであり，自分で行う場合に比べて時間を要する場合が多いと思われ，また費用が高額となる欠点があるが，資金が豊富で急がない場合はこの方法が安心と言える．

targeting vector作製手順

すべて業者に依頼しないならば，次のステップはtargeting vectorの構築となる．その際に標的タンパク質をコードする遺伝子座のゲノムDNA断片やその遺伝子座での遺伝子改変に使用したtargeting vectorを保有あるいは入手が可能な場合は，BioIDマウス作製に必要なtargeting vectorの構築が容易であると想定される．一方でこのような材料を保有していない場合は，mini targeting vectorを構築しCRISPR/Cas9を併用した遺伝子標的法を選択することをおすすめする．mini targeting vector構築の利点は相同領域が500 bp程度でよいことであるが，CRISPR/Cas9を併用することでオフターゲットによる予期せぬ変異が導入される危険性が伴う．現在はlong PCRに適したTaq polymeraseが販売されており長い相同領域を増幅すること

も可能であり，古典的遺伝子標的法用のtargeting vectorの構築には昔ほど苦労はないと思われるので，オフターゲットを心配される方はこちらを選択されるとよい．それではmini targeting vectorの構築法について解説したい．筆者らはビオチンリガーゼとしてAirIDを使用している場合が多いことからAirIDを例にした場合を記載するが，TurboID等の他のビオチンリガーゼを使用する場合はAirIDのところをTurboID等に変えるだけとなる．

　実際の実験をはじめる前に重要なのはmini targeting vectorの構造をデザインすることになる．細胞株を使用した実験で標的タンパク質にAirIDを挿入する場所を検定しておくことをおすすめしたが，通常はN末端かC末端に挿入する場合が多い（**実践編−1**も参照）．特段の理由がない限りN末端への挿入には翻訳開始ATGコドンの直下にAirID cDNAをインフレームで挿入することになるが，LoxP-Neo^r-LoxP（LNeoL）配列をどこに挿入するかは注意が必要となる．CRISPR/Cas9により二本鎖DNA切断との併用では相同組換えに必要な相同領域300〜100 bpで十分と思われ，AirIDとLNeoL間の距離が長くなるとLNeoLの前で相同組換えが起こる可能性が高くなり，G418耐性を獲得したクローンのなかで正しく相同組換えを起こしたクローンの割合が低下する可能性が高まる．したがって，翻訳開始ATGコドンの下流のコーディング領域が長い場合は必然的にAirIDとLNeoL間の距離が長くならざるをえないが，かといってATGコドンの5′側に挿入する場合もプロモーター領域へのLNeoLは避けたい問題が生じ判断が難しくなる．このような背景からAirID挿入がN末端でもC末端でもどちらでもよい場合はC末端をおすすめする．C末端の場合は翻訳終始コドンの前にAirIDがインフレームでつながるようにデザインする．標的タンパク質とAirIDの間にGSリンカーを挿入するかは可能ならば細胞株レベルで検討しておくとよいが，その手間を省きたいならば1〜3コピーのGSリンカーを挿入しておくと安心である．mini targeting vectorのデザインが終了したらPCR反応用にプライマー配列をデザインし発注する．この際DNA断片のライゲーション反応によりmini targeting vectorの構築を行うならば，プライマーの5′側に適切な制限酵素サイトを付与しておくことを強くすすめる．mini targeting vectorの構築には数回のライゲーション反応が必要となり，AirIDやLNeoL配列内にある制限酵素は作製過程で使用できなくなる場合があるので，慎重に作製計画をたて，問題ないか確認しておくことをおすすめする．

準備

☐ **マウスゲノムDNA**：マウス系統によるが市販されているものもある．筆者らは野生型C57B6/Nマウスから自ら調製したものを使用．

☐ **AirID cDNA配列を含んだプラスミド**（addgene，#182210など）

☐ **LoxP-neomycin resistant gene（Neo^r）-LoxP構造を有するgene targeting用プラスミド**（addgene，#13443など．DNA合成業者にて作製しても構わない）

☐ **KOD One PCR Master Mix**（東洋紡社，KMM-101など．他のHigh fidelity polymeraseでも代用可）

☐ **適切な制限酵素**

☐ **DNA Ligation Kit Ver.2.1**（タカラバイオ社，6022）

☐ **PCR用のプライマー**（DNA合成業者にて作製）

□ PCR産物クローニングキット（TAクローニングキットなど）

プロトコール

❶ 相同領域用ゲノムDNAの増幅

KOD One PCR Master Mixを用いて5′側，3′側の相同領域をPCR反応で増幅する．PCRの最適条件は各実験で設定する．増幅したPCR産物をTAクローニングキット等でベクターにクローニングし，サンガー法により核酸配列を読解し正しいDNA断片が増幅されているか確認する．筆者らは，サンガー法は外部委託で行っている．

❷ 5′相同領域とAirID cDNA断片の結合

例えば3コピーのGSリンカーを間に挿入する場合，筆者らはoverlap PCRを使用する場合が多い．この際overlapする領域は20 bp以上を確保してプライマーをデザインする．❶で作成したプラスミドとAirID cDNA配列を含んだプラスミドを鋳型にKOD One PCR Master Mixを用いてPCRを行い，それぞれのPCR産物をアガロースゲルでの電気泳動後に切り出して精製し，overlap PCRを実施する．増幅したPCR産物をTAクローニングキット等でベクターにクローニングし，サンガー法により核酸配列を読解し正しいDNA断片が増幅されているか確認する．

❸ LoxP-Neo^r-LoxP断片と3′相同領域との結合

3′相同領域の上流にLoxP-Neo^r-LoxP断片がくるようにライゲーション反応にて連結する．LoxP-Neo^r-LoxP断片の向きはどちらでもよいので，使用できる制限酵素や次のステップに使用する制限酵素によりmini targeting vector構築法をデザインしておくとよい．

❹ 5′相同領域とAirID cDNA断片とLoxP-Neo^r-LoxP断片と3′相同領域の結合

ライゲーション反応による両者を結合し，制限酵素マッピングにより適切なmini targeting vector構造をもつクローンを選択する．

トラブル対応

Q 相同領域の長さはどこまで短くできるのか？

A. 正確な数字はわからないが，ssDNAをドナーとして使用した場合は50 bp以下でもよい感触がある．実際には300〜500 bp程度の領域がPCRで増幅できるならそれを用い，どうしても短くなるならば，50〜100 bpで試してもよいと思われる．

targeting vectorのES細胞への導入手順

targeting vectorの作製が終了すると，次のステップはtargeting vectorのES細胞への導入となる．ES細胞の培養経験がない場合は，targeting vectorの構築後に共同研究者あるいは外部遺伝子改変マウス作製サービスに依頼するか，自らES細胞培養系を立ち上げるかの判断となる．今後ES細胞培養系を多用する計画であるならES細胞培養系を立ち上げることをおすす

めするが，数回程度ならばES細胞からの遺伝子改変マウス作製に実績を有するところに依頼するのが確実と思える．ES細胞の培養法についてはすでに他の実験書において詳細に記載されている[4] ことから，本稿では筆者らが用いている条件を簡潔に記載するに留める．また古典的な遺伝子標的法を用いたマウス作製はCRISPR/Cas9を併用した遺伝子標的法と比べてtargeting vectorのみをエレクトロポレーションにてトランスフェクションするところが異なるのみであることから，本稿ではCRISPR/Cas9を併用した遺伝子標的法の手順を解説する．また，BioID用マウスの作製時に注意すべき点を簡潔に記載する．

準備

- [ ] **ES細胞**：理研BRC等から入手．筆者らは古関らが樹立したM1 ES細胞を使用．
- [ ] **DMEM細胞培地**

DMEM, high glucose（Thermo Fisher Scientific社，11965092）	475 mL
FBS（Cytiva社，ES Screened FBS）	90 mL
L-Glutamine（200 mM）（Thermo Fisher Scientific社，25030-081）	6 mL
MEM Non-Essential Amino Acids Solution, 100X（Thermo Fisher Scientific社，11140050）	6 mL
Penicillin-Streptomycin（5,000 U/mL）（Thermo Fisher Scientific社，15070063）	6 mL
Sodium Pyruvate（100 mM）（Thermo Fisher Scientific社，11360-070）	6 mL
2-Mercaptoethanol（50 mM）（Sigma-Aldrich社，M7522）	1 mL
ESGRO（10^7 units/mL）（Sigma-Aldrich社，ESG1107）	100 μL

- [ ] **G418耐性MEF細胞（自家製）**：代替製品，Neo resistant MEF, P2, untreated，コスモバイオ社，ASF-1101など
- [ ] 細胞培養用dish，plate
- [ ] **0.2％ ゼラチン溶液（自家製）**
- [ ] **Xfect mESC Transfection Reagent（タカラバイオ社，631320）**
- [ ] **G418 sulfite（Thermo Fisher Scientific社，10131-035）**
- [ ] **px330 plasmids（addgene，#42230）**
- [ ] **px330に組込むためのセンスオリゴとアンチセンスオリゴ**
- [ ] **アニーリング溶液（10 mM Tris，pH 7.5～8.0，50 mM NaCl，1 mM EDTA）**
- [ ] **サーマルサイクラー**
- [ ] **実体顕微鏡**
- [ ] **Gene Pulser Xcell Electroporation System（バイオ・ラッドラボラトリーズ社）**

プロトコール

❶ gRNAとCas9 発現用のpx330 発現ベクターの作製

目的のgRNAを発現させるためセンスオリゴとアンチセンスオリゴを100 μMの濃度で5 μLずつ混合後，サーマルサイクラーを用い95℃で30秒，72℃で2分，37℃で2分，25℃で2分の順に処置した後，4℃まで下げることでアニーリングさせ，px330のBbsIサイトへライゲーション反応により挿入する．

❷ ES 細胞への mini targeting vector と px330 のトランスフェクション

　ゼラチンコートした培養用 dish/plate を用い，マイトマイシン処理あるいは放射線照射した MEF 細胞上で ES 細胞を培養し，6 cm dish で ES 細胞がコンフルエントになるまで培養する．Xfect mESC Transfection Reagent のプロトコールにしたがい，ES 細胞へ targeting vector と px330 をトランスフェクションする．筆者らは 6 well plate に ES 細胞 5×10^5 個，7.5 μg の mini targeting vector，2.5 μg の px330 vector を使用している．

❸ ES 細胞の G418 選択

　トランスフェクション 24 時間後に G418 を含む ES 細胞用培地を用い ES 細胞を 10 cm dish に播き直し，G418 選別を開始する．トランスフェクション効率は 50 ～ 80 ％と高いので，ES 細胞の濃度を変えて 10 cm dish 数枚に播き直し，G418 耐性 ES コロニーの数がピックアップに適した dish を使用して ES コロニーのピックアップを行う．

❹ G418 耐性 ES 細胞のクローニング

　G418 培地に交換後 5 ～ 7 日後に G418 での選別で生存コロニーが判別できるようになる．ピックアップ後の ES 細胞クローンの培養用に MEF 細胞を播いた 96 well plate を準備する．G418 耐性を獲得した ES コロニーを実体顕微鏡化でピックアップし，96 well plate にて培養する．ピックアップ後，半分は培養を継続するマスター plate 上に，残り半分を genotyping screening 用に培養する．genotyping screening 用にはゼラチンコーティングのみでよいが，MEF 上で培養した方が増殖は早い．

❺ 相同組換え ES 細胞クローンの選別

　PCR による genotyping screening を行い，相同組換え体を同定する．Neo に対するプライマーと相同領域外のプライマーで 3′ 側を，AirID に対するプライマーと相同領域外のプライマーで 5′ 側の screening を行う場合が多い．CRISPR/Cas9 を併用した方法では二本鎖 DNA 切断が誘導された領域近辺（標的タンパク質と AirID のジャンクション周辺）に予期せぬ indel 変異が挿入されている場合があり[5]，この辺りを中心にサンガー法で狙った通りの相同組換えが起こっているか確認する．筆者らは 16 ～ 24 クローン程度調べている．正しい相同組換え ES クローンを 6 クローンほど 6 cm dish まで培養し，キメラマウス作製用に凍結保存する．

● オプション

　古典的な遺伝子標的法の場合は❹の過程で 30 μg の target vector を制限酵素により直線化し，フェノール／クロロホルム処理を 2 回行った後，エタノール沈殿を行い 30 μL の PBS に溶解後，GenePulser を用いエレクトロポレーションにて ES 細胞に導入する．

　ES 細胞を用いたキメラマウス作製法に関しては他の実験書[6]に詳しく記載されていることから割愛するが，マウス発生工学の特殊技術を必要とすることから，その技術を有する部門，共同研究者，外部業者に依頼することになる．せっかく ES 細胞を得られてもその先に進めなくならないように，どこで ES 細胞を用いたキメラマウス作製を行うか最初に検討しておく必要がある．

トラブル対応

Q1 **gRNAの標的配列の選別はどのように行えばよいか？**

A. gRNAが機能する確率等からgRNA配列を予測するサイトがある．筆者らはCRISPick（https://portals.broadinstitute.org/gppx/crispick/public）やCHOPCHOP（https://chopchop.cbu.uib.no/），CRISPRdirect（https://crispr.dbcls.jp/）などを使用し，off-target scoreが低くかつ切断効率の高いものを使用している．

Q2 **gRNAが高確率で機能すると思われる配列が終始コドン付近に見当たらない場合は，どの程度まで離れていてもよいか？**

A. これは難しい判断だが，筆者らは二本鎖DNA切断が起こる予測位置が終始コドンから5′側なら50 bp，3′側なら100 bp以内で探索をかけている．予測値としてはCRISPickの場合0.3以上なら翻訳終始コドンの近くであることを優先している．

実験例：Lck-AiriDノックインマウスの作製

　　Lckの C 末端に AirID を付与する設計をもとに targeting vector の作製および gRNA の設計を行った（図1）．targeting vector の相同領域はノックイン部位の両側それぞれ300 bp以上を利用し，gRNAはノックイン部位を跨ぐように設計することができたため，これを採用した．作製したtargeting vector，設計したgRNAを組込んだCas9発現用ベクターpx330を用いてES細胞を形質転換し，G418培地での培養を起こったうえで耐性コロニーの選別とそのgenotyping screeningを行った．PCRを実施した20株のうち，17株が相同組換え体であり，そのうち12株をシークエンシングしたところ，9株はindel変異の挿入なくAirIDがLckのC末端に付与されていた．ES細胞からのキメラマウスの作製は理化学研究所生命医科学研究センター動物管理グループに依頼，実施していただいたため詳細は割愛する．ノックインマウスの樹立はPCRによるgenotypingおよびイムノブロットによるLck-AirIDタンパク質の検出によって確認した．

実践編　II. 各生物種での解析　7

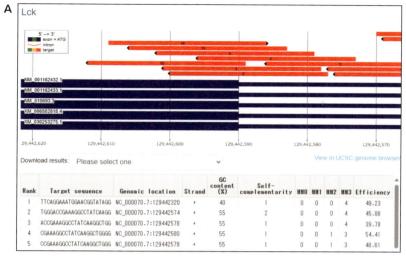

GGCCAGTACCAGCCCCAGCCTTGATAGGCCTTTCGGTCCC
　　　　　　　　　　gRNA 標的配列

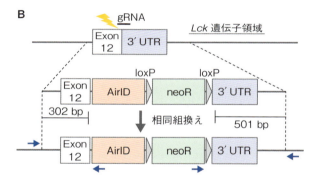

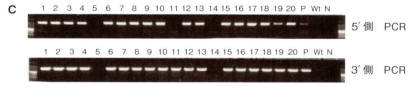

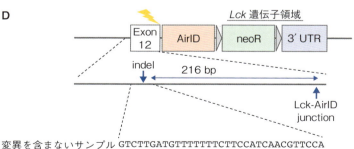

図1　Lck-AirIDマウス作製の設計と実験結果

A) CHOPCHOPにて候補gRNAの検索を行った（Target:"*Lck*", In:"*Mus musculus*", Using:"CRISPR/Cas9", For:"knock-in", Option, Generalタグ内Target specific region of gene:"3´UTR"）．候補のうち，ノックイン部位を跨ぎ切断効率（Efficiency）の高いもの（図中Rank 4）を使用した．**B)** *Lck*のExon 12にAirIDを付与し，ES細胞の選別用にLNeoL断片を挿入した．相同領域は5´末端を302 bp，3´末端を501 bp増幅した．紺の矢印はPCRスクリーニング用のプライマーの位置を示す．**C)** ES細胞のPCRスクリーニング結果から，高効率で形質転換株を得られたことがわかる．P：targeting vectorの相同領域より長い領域を有するポジティブコントロール．**D)** ES細胞のシークエンシング結果のうち，変異のない株とindelを含む株を示した．後者はAirID挿入部位から216 bp上流に変異を含んでいたため使用を控えた．

93

標的タンパク質 – ビオチンリガーゼ融合タンパク質発現トランスジェニックマウス作製の手順

　内在性の標的タンパク質にビオチンリガーゼを付与する方法が最善であるが，標的タンパク質 – ビオチンリガーゼ融合タンパク質を強制的に発現させるトランスジェニックマウスにも利点はある．例えば，タンパク質ファミリーメンバー間での相互作用タンパク質の違いを比較検討したい場合は，同じ細胞種で同じ発現量で発現させることが最善となる．トランスジェニックマウスの作製はトランスジーンを構築し，受精卵にインジェクションする方法が古典的であるが，この場合トランスジーンが挿入されたゲノム領域やコピー数により同じトランスジーンでも個体間で発現に差が出ることが知られており[7]，また必ず発現個体が樹立できる保証もない．この問題を解決する方法として*Rosa26*遺伝子座が高効率に相同組換えを起こす特徴を利用して，発現させたいタンパク質をコードするcDNAを*Rosa26*遺伝子座に挿入する方法が頻用されるようになった[8]．実際に筆者も*Rosa26*遺伝子座へのノックイン挿入によるトランスジェニックマウス作製にシフトしている．

準備

ES細胞培養関係以外のものを記載する．
- ☐ CTV vector（addgene，#15912）
- ☐ AscI制限酵素（New England Biolabs社，R0558S），AsiSI制限酵素（New England Biolabs社，R0630S）
- ☐ 各プライマー
- ☐ KOD One PCR Master Mix（東洋紡社，KMM-101など．他のHigh fidelity polymeraseでも代用可）
- ☐ DNA Ligation Kit Ver.2.1（タカラバイオ社，6022）
- ☐ Takara Stable Competent Cells（タカラバイオ社，9132）

プロトコール

❶ 標的タンパク質 – ビオチンリガーゼ融合タンパク質をコードするcDNAの両端にAscIサイトを付与する．筆者らはAscIサイトを付与したプライマーの合成を依頼し，cDNAを鋳型にPCRを行い，TAクローニングを行い，PCRによる変異導入がないことを確認できたクローンを用いて次のステップを行っている．

❷ CTVのAscIサイトに❶のAscI–cDNA–AscI断片をライゲーションにて挿入する．挿入とその方向を*E. coli* colony PCRにて検定し，候補クローンからプラスミドを回収し，制限酵素マップを行い，正しいtarget vectorが構築されているか確認する．

❸ target vectorをAsiSI制限酵素処理し，直線化し，フェノール／クロロホルム処理を2回行った後，エタノール沈殿を行い30 μLのPBSに溶解後，GenePulserを用いエレク

トロポレーションにてES細胞に導入する.

❹ エレクトロポレーション24時間後からG418選別を開始し，5〜7日後にG418耐性ESコロニーをピックアップし，PCRにて相同組換え体を同定する．CTVを使用した場合，経験的に32個程度のG418耐性ESクローンから2〜16個の相同組換え体が得られるため，筆者らはまず32個をスクリーニングし，相同組換え体が6個に満たない場合はさらに32〜48個をスクリーニングしている．

マウス生体内BioID法でのビオチン投与の手順とビオチン標識活性の評価

培養系では培地中にビオチンを添加することでビオチン標識を誘導できる．齧歯類用の通常飼育飼料には100 g中25〜40 μgのビオチンが含まれており，ビオチン標識は通常の飼育状況でも観察される．しかしながらBioIDマウスでは野生型に比べビオチンリガーゼの活性が高くなっており，ビオチンの体内消費が亢進していると予想され，ビオチン欠乏症に陥りやすい状態と想定される．ビオチンを補給するために筆者らは3.7 μg/mL濃度のビオチン水を給水瓶にて5日間与えてからビオチン化タンパク質検出のサンプル採取を行っている．

準備

- ビオチン（Sigma-Aldrich社，B4501）
- 水
- 給水瓶
- フローサイトメーター
- BD Pharmingen Transcription Factor Buffer Set（BD Biosciences社，562574）
- 蛍光色素結合ストレプトアビジン（BV421 conjugated Streptavidin，BD Biosciences社など）

プロトコール

❶ ビオチン水の作製

ビオチンを水250 mLに37 mg加え，室温で撹拌しながら溶解する．溶解には数時間を有する．溶解後は室温で保存する．ビオチン水は室温で安定に保存できるが，1週間程度で使用するようにしている．

❷ ビオチン給水瓶の準備とビオチン給水

給水瓶に195 mLの水を入れ，そこに調製したビオチン水を5 mL加えよく撹拌する．給水瓶をケージに挿し，マウスへのビオチン給水投与を開始する．通常は5日間ビオチン給水し，サンプル採取および解析を行う．

❸ フローサイトメーターを用いたビオチン標識活性の評価

　　樹立したマウス系の確認のために，ビオチン給水を行ったマウスの細胞を回収し，ビオチン化活性の評価を行う．任意の細胞を単離し，BD Pharmingen Transcription Factor Buffer Setなどを用いて細胞内染色を行う．ビオチンおよびビオチン標識タンパク質は，蛍光色素を付与したストレプトアビジンを用いることで定量することができる．フローサイトメーターを用いた手法はウエスタンブロットなどの手法より簡便かつ迅速に評価できる点が優れている．

実験例：Lck-AirIDマウスでのビオチン給水の効果

　　Lck-AirIDマウスと野生型に5日間ビオチン給水を行い，胸腺細胞を回収して細胞内ビオチンおよびビオチン標識タンパク質を定量した（図2）．通常飼料にもビオチンが含まれるため，ビオチン給水を行っていないLck-AirID発現マウスでもビオチン標識タンパク質が存在していることがわかる．また，ビオチン給水を行うとよりビオチン標識タンパク質が増加することがわかる．

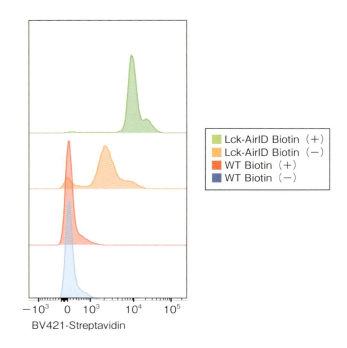

図2　フローサイトメーターを用いたビオチン標識能の評価
5日間，通常給水あるいはビオチン給水を行ったLck-AirIDマウスおよび野生型から胸腺細胞を単離した．BD Pharmingen Transcription Factor Buffer SetとBV421-Streptavidinを用いて細胞内染色しフローサイトメーターで定量したところ，通常給水を行ったLck-AirIDマウスでもビオチン化タンパク質が検出されたが，ビオチン給水によりビオチン化タンパク質量は増加した．

実践編　Ⅱ. 各生物種での解析

おわりに

　標的タンパク質-ビオチンリガーゼ融合タンパク質を生物個体内で発現させれば，生物個体内でのBioIDの実施が可能である．実験動物として頻用されているマウスではES細胞を介した遺伝子改変技術が確立されており，内在性標的タンパク質へビオチンリガーゼをノックイン挿入することは可能であり，いったんマウス系統が樹立されると，同一個体内の異なる細胞種での相互作用タンパク質の比較検討が可能となる等応用範囲が広く，今後さまざまな生物・医学研究領域で重要な実験手法となるだろう．一方でBioIDマウス作製はES細胞を介した遺伝子改変操作を要する場合が多く，気軽に行うにはハードルが高い実験と多くの研究者が躊躇する場合も想定される．筆者らはこのハードルを下げる方法としてSunTag系を介してビオチンライゲースを標的タンパク質に標的する手法を試みている．SunTag法はGCN4抗原ペプチドを認識するscFv抗体を利用し，あるタンパク質とscFv抗体の融合タンパク質を多コピーのGCN4配列でタグ付けされた標的タンパク質に集積させる手法である[9]．SunTagの原理によれば，scFVにAirIDを付与した融合タンパク質と多コピーのGCN4でタグ付けされた標的タンパク質の共発現により，標的タンパク質にAirIDを集積させることが可能となる．原報ではGCN4配列は3コピーでも350 bpの長さであり，ゲノム編集法でノックイン挿入が十分可能な長さである．筆者らはすでにscFv-AirID融合タンパク質を発現するトランスジェニックマウス系統を樹立している．ゲノム編集法によるGCN4配列の挿入後は，scFv-AirID発現Tgマウスとの交配でマウス生体内BioIDが可能となると考えられ，今後この手法が汎用性の高い簡便な生体内BioID法として広まることが期待される．

◆ 文献

1 ）Kubitz L, et al：Commun Biol, 5：657, doi:10.1038/s42003-022-03604-5（2022）
2 ）Thomas KR & Capecchi MR：Cell, 51：503-512, doi:10.1016/0092-8674(87)90646-5（1987）
3 ）Petrezselyova S, et al：Cell Mol Biol Lett, 20：773-787, doi:10.1515/cmble-2015-0047（2015）
4 ）「実験医学別冊 ES・iPS細胞実験スタンダード」（中辻憲夫／監，末盛博文／編），羊土社，2014
5 ）Rezza A, et al：Sci Rep, 9：3486, doi:10.1038/s41598-019-40181-w（2019）
6 ）「実験医学別冊 バイオマニュアルシリーズ8 ジーンターゲティング」（相沢慎一／著），羊土社，1995
7 ）Williams A, et al：Nucleic Acids Res, 36：2320-2329, doi:10.1093/nar/gkn085（2008）
8 ）Soriano P：Nat Genet, 21：70-71, doi:10.1038/5007（1999）
9 ）Tanenbaum ME, et al：Cell, 159：635-646, doi:10.1016/j.cell.2014.09.039（2014）

| 実践編 | II. 各生物種での解析 |

8 AirID融合タンパク質発現シロイヌナズナの作出

野澤　彰, 井上晋一郎

　植物への遺伝子導入では使用する植物種により異なる手法を選択する必要があるが, 本稿では筆者らが実験で使用しているシロイヌナズナ (*Arabidopsis thaliana*) での手法を紹介する. イネなどの多くの植物ではカルスを誘導した後, 植物形質転換用プラスミドを導入したアグロバクテリウムを感染させ形質転換カルスを作製し植物体を再生する必要があるが, シロイヌナズナでは開花しはじめた植物体をアグロバクテリウムの懸濁液に浸すことで簡便に形質転換された種子を得ることができる. 本稿では, このフローラルディップ法による遺伝子導入から遺伝子発現の確認・質量分析用のサンプル調製までの手法を紹介する.

はじめに

1. アグロバクテリウムを利用した植物の形質転換

　アグロバクテリウム (*Agrobacterium tumefaciens*) は植物細胞に感染すると, 自身のもつTiプラスミド上のLB (left border) 配列とRB (right border) 配列に挟まれたT-DNA (transfer DNA) 領域を感染細胞の核ゲノム中に挿入する[1]. 野生型のアグロバクテリウムでは, T-DNA領域にオーキシン合成酵素, サイトカイニン合成酵素, オピン合成酵素が存在し, T-DNA領域が導入された植物ではオーキシンとサイトカイニンにより腫瘍 (クラウンゴール) が形成され, そのなかでオピンというアグロバクテリウムは代謝できるが他の細菌はほとんど利用できない特殊なイミノ酸が生産される. このようなアグロバクテリウムによる感染植物への腫瘍形成誘導とそこでの自分専用の栄養源の生産誘導は植物に対する遺伝的植民地化とよばれる. このアグロバクテリウムの遺伝的植民地化システムを利用し, T-DNA領域を欠失させたTiプラスミドをもつアグロバクテリウムにLB配列とRB配列の間に目的遺伝子配列を組込んだバイナリーベクターを導入し, そのアグロバクテリウムを植物に感染させることで目的遺伝子配列を植物ゲノムに挿入する植物の形質転換法が開発された (図1). T-DNA領域の植物ゲノムへの挿入はLB配列およびRB配列と植物ゲノム配列間での相同組換えによると考えられているが, LB配列およびRB配列はきわめて短い配列であることから実質的には非相同組換えによる挿入に近いほぼランダムな部位への挿入が起こる.

実践編　Ⅱ. 各生物種での解析

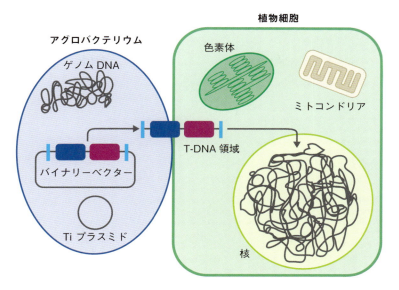

図1　アグロバクテリウムによる植物細胞の形質転換
バイナリーベクターを保持したアグロバクテリウム（TiプラスミドのT-DNA領域を欠失済）が植物細胞に感染すると，バイナリーベクター上のLBとRB（水色の領域）に挟まれたT-DNA領域が切り出され，アグロバクテリウムのゲノムとTiプラスミドにコードされたT-DNA領域の輸送に関するタンパク質の働きで植物細胞の核内に輸送され，核ゲノム中に相同組換えにより導入される．バイナリーベクター上のT-DNA領域は，植物ホルモンやオピン合成系の遺伝子の代わりに，多くの場合抗生物質耐性遺伝子と目的遺伝子の発現ユニットが挿入されている．

2. 植物の形質転換に利用されるバイナリーベクター

　植物の形質転換に用いる大腸菌とアグロバクテリウムで増殖可能な両方の複製起点をもつバイナリーベクターはこれまでに多くの報告例がある．それらの多くは植物ゲノムに挿入されるT-DNA領域にカナマイシン耐性やハイグロマイシン耐性などのマーカー遺伝子と目的遺伝子の発現ユニットを組込んだものである．筆者らは，島根大学の中川らによって構築されたGatewayクローニングにより目的遺伝子の導入が可能なpGWB系のバイナリーベクター[2]を利用している．植物体内での目的タンパク質とAirIDとの融合タンパク質の発現は目的タンパク質をコードする遺伝子のプロモーターを利用し，生体内における目的タンパク質と同じ部位，時期，量で発現させることが望ましい．しかし，発現量が低い場合は，ビオチン化タンパク質がほとんど検出されない可能性があるため，高発現プロモーターを使用した実験も並行して行うことをすすめる．この場合には，質量分析で同定されたタンパク質について何らかの手法により生体内で実際に相互作用しているタンパク質であることを検証する必要がある．ちなみに，pGWB系のバイナリーベクターには，プロモーター配列と目的遺伝子をGatewayクローニングにより同時に組込み可能なベクターや，CaMV35Sプロモーターにより目的遺伝子の植物体内での過剰発現が可能なベクターなどさまざまなベクターが用意されている．pGWB系のバイナリーベクターは理研の実験植物開発室から入手可能である．

3. アグロバクテリウムを利用したシロイヌナズナの形質転換

　　植物の形質転換は多くの場合カルスを形質転換した後に植物体を再生する方法で行われるが，シロイヌナズナに関しては開花直前の花にアグロバクテリウムを感染させることで形質転換種子を得る方法が報告されている[3]．この方法では，バイナリーベクターを導入したアグロバクテリウムの懸濁液にシロイヌナズナの花を浸すことで，懸濁液が花の内部に浸透し雌性配偶体にアグロバクテリウムが感染しT-DNA領域のゲノム中への移行が起こることにより形質転換が達成される[4]．アグロバクテリウムが雌性配偶体に感染することから，感染処理を行ったシロイヌナズナの一部の種子で目的遺伝子が片側のゲノムに導入された形質転換種子が得られる．ここから遺伝子が両方のゲノムに組込まれたホモ接合体を得るには次世代の種子を取得する必要がある．最初の報告では，アグロバクテリウムの懸濁液に花を浸すときに減圧し懸濁液を染み込ませる手法（減圧浸潤法）であったが，後に懸濁液に花を浸すだけの方法（フローラルディップ法）[5]でも形質転換体が得られることが示されている．本稿では，筆者らが採用しているより簡便なフローラルディップ法について紹介する．

準備

材料

- [ ] 形質転換用バイナリーベクター（pGWB系ベクター，pCAMBIA系ベクターなど）
- [ ] アグロバクテリウム（GV3101株，EHA101株，LBA4404株，E105株など）
- [ ] シロイヌナズナ（Columbia, Landsberg *erecta*, Wassilewskijaなど）

試薬・培地

- [ ] YEP培地
  - 1% Bacto-peptone
  - 1% Bacto yeast extract
  - 0.5% NaCl

    pHはNaOHで7.0〜7.2に合わせる．

- [ ] LB培地
  - 1% Bacto-triptone
  - 0.5% Bacto yeast extract
  - 1% NaCl

    pHはNaOHで7.0〜7.2に合わせる．

- [ ] ディップ培地
  - 5% スクロース
  - 0.05% Silwet L-77

- [ ] 選択寒天培地
  - 1/2 ムラシゲ・スクーグ（MS）塩
  - 1% スクロース
  - 0.5 g/L MES
  - 0.8% Agar

    KOHでpHを5.7前後に合わせ，Agarを加え，オートクレーブにかける．培地温度が70℃以下に下がった段階で，クリーンベンチ内で培地に選択用の抗生物質とカルベニシリン（最

終濃度100 mg/L）を加えてよく混ぜる．クリーンベンチ内で滅菌プラスチックシャーレに培地を注ぎ，固める．

☐ **種子滅菌液**
10 % 次亜塩素酸
0.125 % Tween-20（polyoxyethylene sorbitan monolaurate）

☐ **RIPA buffer**
100 mM Tris-HCl, pH 8.0
300 mM NaCl
2 mM EDTA, pH 8.0
2 % Triton X-100
0.2 % SDS
0.2 % Sodium deoxycholate
2 × Sample Buffer
100 mM Tris-HCl, pH 6.8
4 %（w/v）SDS
20 %（w/v）グリセロール
0.002 %（w/v）Bromophenol Blue
10 %（v/v）2-Mercaptoethanol

☐ **guanidine buffer**
6 M Guanidine-HCl
100 mM HEPES-NaOH, pH 7.5
10 mM TCEP
3.4 mg/mL CAA

☐ **1/2 MS 液体培地**
1/2 ムラシゲ・スクーグ（MS）塩
1 % スクロース
0.5 g/L MES
　KOHでpHを5.7前後に合わせる．

器具・装置

☐ 振盪培養器
☐ 分光光度計
☐ 冷却遠心機
☐ インキュベーター
☐ 人工気象器
☐ ビーカー
☐ トレー
☐ プラスチックシャーレ
☐ ステンレスビーズ（5.5 mm）
☐ ビーズ式細胞破砕装置（トミー精工社，MS-100R）

プロトコール

1. アグロバクテリウムのコンピテントセルの作製

❶ アグロバクテリウムを 50 mL の YEP 培地[*1]に植菌し，28℃で一晩振盪培養する.

> [*1]　50 mL YEP 培地は 300 mL の三角フラスコで調製しオートクレーブしたものを利用する. 使用するアグロバクテリウムに合わせて適宜抗生物質を添加する. 筆者らが使用している GV3101 の場合は Gentamycin を最終濃度 15 mg/L, Rifampicin を最終濃度 5 mg/L となるよう添加している. 抗生物質は，オートクレーブした培地に使用直前に添加する.

❷ 培養液 10 mL を新たな YEP 培地[*1]50 mL に植え継ぎ，OD_{600} が 0.5 〜 1.0 になるまで 28℃で振盪培養する[*2].

> [*2]　OD_{600} が 0.5 〜 1.0 に達するまでおおよそ一晩程度の時間がかかる.

❸ 培養液を氷上で冷却後，50 mL のチューブに移し，3,500 rpm，4℃で 8 分間遠心する.

❹ 氷上で冷やしながら上清を除去し，沈殿を 1 mL の 20 mM $CaCl_2$ で懸濁する.

❺ チューブに 100 μL ずつ分注し，液体窒素で凍結させる.

❻ 使用するまで−80℃で保管する.

2. アグロバクテリウムへのバイナリーベクターの導入

❶ アグロバクテリウムコンピテントセル 100 μL を氷上で融解する.

❷ 1 μg のバイナリーベクターを加え，液体窒素で 15 秒間再凍結させた後，37℃で 5 分間ヒートショックを与える.

❸ YEP 培地 1 mL を添加し 28℃で 4 時間浸透培養する.

❹ 15,000 rpm，28℃で 1 分間遠心する.

❺ 上清を 1 mL 除去し，残りの液約 100 μL で沈殿を懸濁する.

❻ 懸濁液全量を YEP 寒天培地[*3]に塗り広げ，28℃で 2 日間培養する[*4].

> [*3]　使用するバイナリーベクターのバクテリア用の選択マーカーに合わせて適宜抗生物質を添加する. 筆者らが使用している pGWB 系バイナリーベクターの場合，Kanamycin を最終濃度 50 mg/L，Hygromycin を最終濃度 50 mg/L となるよう添加している. これらの抗生物質に加えて使用するアグロバクテリウム自身がもつ抗生物質耐性に合わせて適宜抗生物質を添加する.
>
> [*4]　だいたい数十個の形質転換されたアグロバクテリウムのコロニーが得られる. 得られたコロニーに対して，コロニー PCR などでバイナリーベクターの導入を確認するとよい.

3. アグロバクテリウムによるシロイヌナズナの形質転換（フローラルディップ法）

❶ 4 〜 5 週齢の抽台したシロイヌナズナを生育させておき[*5]，アグロバクテリウムを感染させる当日に，開花・結実した花や鞘を切除する（図 2）[*6].

102　リアルな相互作用を捉える近接依存性標識プロトコール

図2 アグロバクテリウム感染前の開花・結実したシロイヌナズナの花や鞘の切除

シロイヌナズナは，開花した時点ですでに自家受精が行われている．未受精の雌性配偶体にアグロバクテリウムを感染させるために，アグロバクテリウムの感染前に開花した花や結実した鞘を切除し，蕾のみを残すようにする．

*5　園芸用プラスチックポットに培養土を入れ，表面にシロイヌナズナを数粒ずつ播種する．22～24℃，長日条件で生育させる．

*6　シロイヌナズナでは，開花した段階ですでに自家受精が進んでいる．未受精の雌性配偶体にアグロバクテリアを感染させるために，開花・結実した花や鞘を切除するのが望ましい．

❷ 目的のバイナリーベクターをもつアグロバクテリウムを3 mLのLB培地[*7]に植菌し，28℃で一晩振盪培養する．（植物体への感染の2日前）

*7　使用するアグロバクテリウムに合わせて適宜抗生物質を添加する．筆者らが使用しているGV3101の場合はGentamycinを最終濃度15 mg/L，Rifampicinを最終濃度5 mg/Lとなるよう添加している．抗生物質は，オートクレーブした培地に使用直前に添加する．

❸ 前培養液3 mLを新たなLB培地[*7] 100 mLに植え継ぎ，28℃で20時間前後[*8]振盪培養する．（植物体への感染の前日）

*8　OD_{600}はおよそ1.5～1.8になっている．

❹ ディップ培地を調製する．

❺ 培養液を2本の50 mLチューブに移し，6,000 rpm，25℃で10分間遠心する．

❻ 上清を除去し，ディップ培地を加えて懸濁し，OD_{600}を0.8に調製する．

❼ アグロバクテリウムを懸濁したディップ培地を，滅菌が可能なタッパー容器に移し，そこにシロイヌナズナの花を数秒間ほど浸す．

❽ 適当なトレイにポットを移し，トレイの底に適量の水を入れる．湿度を保つため，ラップやアルミでトレイを覆い，一晩静置する．

❾ 覆いを外して水やりをし，種子が成熟して乾燥するまで生育させる．（約2～4週間）

❿ 枯れた鞘ごと種子をまとめて収穫し，茶漉しなどを用いて枯れた植物体の破片を除き，新しいプラスチック製チューブに移す．

4. 形質転換シロイヌナズナの選択

❶ 採取した乾燥種子約2,000〜3,000粒（約53〜80 mg）を15 mLチューブに測りとり，クリーンベンチ内で70％エタノール中に5分，種子滅菌液中に15分それぞれ置き，滅菌水で2回洗い，種子表面を滅菌する[*9].

> *9　各工程の間には，種子の入ったチューブを遠心機にかけ，種子をチューブの底に集めている．その後上清を除き，次の工程に進んでいる．

❷ 滅菌後の種子に，約9 mLの滅菌した0.07％寒天溶液を加えて懸濁する．

❸ 選択培地の表面に3 mLずつ種子懸濁液を置き，軽くゆすって種子を表面に一様に広げる．

❹ クリーンベンチ内で，培地表面の種子が動かなくなる程度まで乾燥させ蓋をし，サージカルテープで封をする．

❺ 冷蔵庫で4〜7℃で数日間静置する．

❻ 植物を22〜24℃の光条件下に移し発芽させる．発芽後1週間〜10日ほどで，抗生物質耐性を示すT1世代の形質転換体を選択できるようになる．

❼ T1世代の形質転換体を新たな選択培地に移し，系統番号等をラベルし，個体を識別してさらに1〜2週間生育させる．

❽ 植物体を土に植え替え，種子をつけるまで生育させる．

❾ 各植物体からそれぞれT2種子を回収し，系統を維持する．

5. 導入遺伝子の発現確認

❶ 形質転換シロイヌナズナを2 mLのチューブに回収し，1 mgあたり10 μLのRIPA buffer を加える[*10].

> *10　植物サンプルはタンパク質の発現が予想される部位・時期のものを選択する．

❷ ステンレスビーズを1個入れ，蓋を閉じ，ビーズ式細胞破砕装置を利用し4,000 rpmで60秒間破砕する．

❸ チューブからステンレスビーズをとり除き，15,000 rpmで5分間遠心し，上清を回収する．

❹ 上清10 μLと2×sample buffer 10 μLを混合し，98℃で5分間変性処理を行う．

❺ 変性処理後のサンプル15 μLをSDS-PAGEに供し，適切な抗体を利用したイムノブロット解析により発現タンパク質を検出する[*11].

> *11　導入したタンパク質の発現確認を考慮して，発現させるタンパク質には何らかの抗体で検出可能なタグを付加することをおすすめする．タグの付加位置は，標的タンパク質の機能を阻害しない位置がわかっている場合はその位置を選択する．

実践編 II. 各生物種での解析

6. ビオチン化タンパク質の検出

❶ 形質転換シロイヌナズナを2 mLのチューブに回収し，1 mgあたり10 μLのRIPA buffer を加える[*12].

> *12　筆者らはビオチン化タンパク質の検出を行う形質転換シロイヌナズナは10 μMのビオチンを含む 1/2 MS寒天培地で生育させている．ストレス処理などを行う場合も10 μMのビオチンを添加した条件で行っている．

❷ ステンレスビーズを1個入れ蓋を閉じ，ビーズ式細胞破砕装置を利用し4,000 rpmで60秒間破砕する．

❸ チューブからステンレスビーズをとり除き，15,000 rpmで5分間遠心し，上清を回収する．

❹ 上清10 μLと2×sample buffer 10 μLを混合し，98℃で5分間変性処理を行う．

❺ 変性処理後のサンプル15 μLをSDS-PAGEに供し，抗ビオチン抗体を利用したイムノブロット解析により発現タンパク質を検出する．

7. 質量分析用サンプル調製

❶ 形質転換シロイヌナズナの生重量を測定後，液体窒素で凍結させ，乳棒乳鉢で粉末状になるまで破砕する．

❷ サンプル1 mgあたり10 μLのguanidine bufferを加え，乳棒乳鉢でよくすり潰す[*13].

> *13　調製した質量分析用サンプルのタンパク質濃度が薄い場合は，植物サンプルあたりの加えるguanidine bufferの量を少なくすることで濃度の高い質量分析用サンプルを調製できるようにする．

❸ guanidine bufferに懸濁したサンプルをチューブに回収し，15,000 rpmで5分間遠心する．

❹ 上清を回収し，タンパク質濃度を測定する[*14].

> *14　筆者らは1 mg/150 μL以上の濃度で500 μL以上の量のサンプルを調製し質量分析を行っている．

❺ 上清におけるタンパク質の濃度・量が十分であることを確認し質量分析用サンプルとして質量分析に供する[*15].

> *15　プロテアーゼ処理とビオチン化ペプチドの精製に関しては実践編-4を参照．

105

実験例

　ここでは，本稿で紹介した手法を用いてシロイヌナズナにCST2-AirIDを導入した実験と，CBL4-AirIDを導入したシロイヌナズナでのビオチン化タンパク質の解析を紹介する.

1. 実験例①

　CST2は液胞膜に局在するマグネシウム輸送体で，筆者らはCST2の細胞内相互作用パートナーを同定する目的でAirIDを融合して導入し，インタラクトーム解析を計画した. *CST2*遺伝子のゲノムカセットにAirIDをコードするDNA配列を挿入し，*CST2*遺伝子本来の発現制御下で融合タンパク質を発現させた（図3A）. ネガティブコントロールとして，同じ発現カセットの*CST2*遺伝子のコード領域を除き，その部分にAirIDのコード配列を挿入した. このとき，単独のAirIDタンパク質も液胞膜に導入したいため，液胞膜への移行に必要なシグナル配列（TTS）をAirIDのN末端側に付加した. これら2種のバイナリーベクターを，アグロバクテリウムを介してシロイヌナズナにそれぞれ導入し，T1世代の植物を用いて融合タンパク質の発現確認を行った（図3B）. 図に示すように，独立して得られた形質転換体において，導入したCST2-AirIDやTTS-AirIDの発現量はまちまちである. これらのなかから，その後の実験に有用なラインを選別し，インタラクトーム解析に用いる.

2. 実験例②

　CBL4はカルシニューリンB様タンパク質ファミリーに属するタンパク質である. CBLファミリータンパク質はカルシウム依存的にCIPKファミリーリン酸化酵素と結合し，それらのリン酸化活性を制御することでさまざまな環境応答に関するシグナル伝達に関係していることが明らかにされている. 筆者らは，塩ストレス応答に関与することが知られているCBL4にAirIDを融合したタンパク質を発現する形質転換シロイヌナズナを作出した. 10 μMのビオチンを含む1/2 MS寒天培地で21日間生育させた形質転換および野生型シロイヌナズナを寒天培地からピンセットで引き抜き，100 mMのNaClと10 μMのビオチンを含む1/2 MS液体培地に浸し，5分間脱気処理し培地を浸透させた後，23℃で24時間静置した. このようにNaCl処理を行ったシロイヌナズナと処理前のシロイヌナズナからタンパク質サンプルを抽出しSDS-PAGEとイムノブロット解析によりビオチン化タンパク質の解析を行った. 図4で示すように，抗ビオチン抗体を利用したイムノブロット解析ではCBL4-AirIDを発現させた形質転換シロイヌナズナのレーンでは野生型のレーンではみられないビオチン化タンパク質のバンドが複数観察され，NaCl処理を行ったサンプルで特異的に見出されるバンドも検出された. これらのサンプルを質量分析に供することで，NaCl処理によりCBL4との相互作用が誘導されるタンパク質候補を見出すことができた.

実践編　Ⅱ. 各生物種での解析

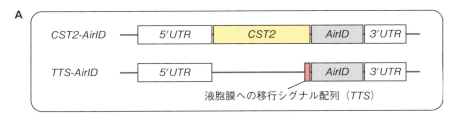

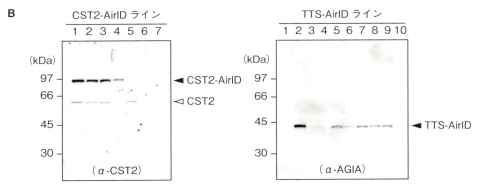

図3　CST2-AirIDを導入したシロイヌナズナの作製

A) AirID融合タンパク質の導入に用いたバイナリーベクター中の発現ユニット．CST2-AirIDのユニットでは，*CST2*遺伝子のゲノムカセットに，CST2タンパク質のC末端にAirIDが融合されるように*AirID*遺伝子を挿入した．TTS-AirIDのユニットでは，*CST2*遺伝子のゲノムカセットの*CST2*コード領域を，液胞膜シグナル配列TTSをコードするDNA配列に置き換えた．**B)** 作製した植物の葉を用いてイムノブロットを行い，CST2-AirIDとTTS-AirIDタンパク質の発現を確認した．CST2-AirIDは抗CST2抗体で，TTS-AirIDはAirIDに付加したAGIA-tag[6]に対する抗体で検出した．

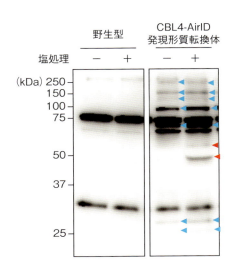

図4　CBL4-AirID融合タンパク質を発現させたシロイヌナズナでのビオチン化タンパク質の検出

野生型とCBL4-AirIDを発現する形質転換シロイヌナズナにおいて，100 mM NaCl処理を行う前と後の植物体からタンパク質サンプルを調製しイムノブロット解析にて，ビオチン化タンパク質の検出を行った．タンパク質サンプルをSDS-PAGEにかけた後，メンブレンにブロットし抗ビオチン抗体を使用してビオチン化タンパク質を検出した．青矢頭：CBL4-AirID発現形質転換体で特異的に検出されたバンド．赤矢頭：塩処理を行ったCBL4-AirID発現形質転換体で特異的に検出されたバンド．

107

おわりに

　本稿では形質転換法に関してシロイヌナズナ用の手法をとり上げたが，他の植物では異なる方法を用いる必要がある．イネやミヤコグサなどの別の植物における方法については成書を参照されたい（**参考図書**参照）．今回は，バイナリーベクターとアグロバクテリウムを利用して標的タンパク質と AirID の発現ユニットをゲノムに挿入する方法について紹介したが，将来的に質量分析の感度が上昇しゲノム編集技術が多くの植物で利用可能になった場合には，ゲノム編集技術で標的遺伝子に *AirID* 遺伝子が融合するように挿入した植物体を作製して解析を行うのがよいであろう．

◆ 文献

1) Chilton MD, et al：Cell, 11：263-271, doi:10.1016/0092-8674(77)90043-5（1977）
2) Nakagawa T, et al：J Biosci Bioeng, 104：34-41, doi:10.1263/jbb.104.34（2007）
3) Bechtold N：C R Acad Sci Paris, Sciences de la vie/Life Sciences, 316：1194-1199（1993）
4) Desfeux C, et al：Plant Physiol, 123：895-904, doi:10.1104/pp.123.3.895（2000）
5) Clough SJ & Bent AF：Plant J, 16：735-743, doi:10.1046/j.1365-313x.1998.00343.x（1998）
6) Yano T, et al：PLoS One, 11：e0156716, doi:10.1371/journal.pone.0156716（2016）

◆ 参考図書

　「改訂 3 版 モデル植物の実験プロトコール」（島本　功，他/監），学研メディカル秀潤社，2005

実践編 Ⅱ. 各生物種での解析

9 出芽酵母におけるAirIDによる相互作用因子の同定

河田美幸, 関藤孝之

　本稿ではビオチン化酵素AirIDを用いてわれわれが進めている酵母液胞膜タンパク質の相互作用因子同定の試みを紹介する．ビオチン化ペプチドの質量分析では相互作用しないタンパク質由来の偽陽性と思われるペプチドがしばしば検出される．その一方で一過的もしくは弱い相互作用を検出するためには偽陽性の出現はある程度許容しなければならない．これに対し，酵母（*Saccharomyces cerevisiae*）ではネイティブプロモーターからの発現から過剰発現まで，自在に発現レベルを選択し，迅速かつ簡便に偽陽性頻度を適正化することができる．さらに，古くから遺伝子組換え手法が確立・改良されており，遺伝子破壊株やベクターなどの分子生物学的ツールも整備され，真核生物のモデル系としての研究材料として他にはないメリットがある．

はじめに

　出芽酵母は遺伝子操作の簡便性を発揮して真核生物のモデル系として基礎研究分野においてこれまで多大な成果をあげてきた．遺伝子数が約6,000と少ないことから古くからオミクス解析の対象とされており，酵母ツーハイブリッド法や精製複合体の質量分析等に基づいた膨大な相互作用タンパク質情報についてもデータベース（https://www.yeastgenome.org）上で簡単に検索することができる．その一方で，一過的あるいは弱い相互作用はまだ検討の余地があり，これらを検出し，その意義を明らかにすることは新たな知見獲得に向けて今後ますます重要となってくる．その強力なツールとして近接依存性ビオチン標識は大いに期待される手法である．本稿では出芽酵母での近接依存性ビオチン標識による相互作用タンパク質同定における条件検討から質量分析のための試料調製までを概説する．筆者らの実験は液胞膜局在性タンパク質の相互作用タンパク質同定を目的としている．膜タンパク質のサイトゾル側の親水性領域にビオチン化酵素AirIDを付加した融合タンパク質の発現プラスミドを構築し，酵母細胞に導入後，ビオチンを添加した培地で培養し，アルカリ／TCA法[1]でタンパク質試料を抽出する．アルカリ／TCA法は簡便だが水溶性タンパク質だけでなく膜タンパク質の抽出にも使用される汎用性の高いタンパク質抽出法であり，筆者らの実験では本法で抽出したタンパク質試料を用いてトリプシン処理，ビオチン化ペプチドの精製から質量分析まで進めることができている．

酵母におけるAirID融合タンパク質発現とビオチン化タンパク質の検出

　酵母ではARS配列（autonomous replicating sequence）とCEN（centromere）配列を組込んだプラスミドを利用すれば，AirIDを付加した対象タンパク質遺伝子を染色体外で安定に保持させることが可能である．また，約5,000種の非必須遺伝子破壊株コレクションの他，必須遺伝子についても条件特異的な欠損株が入手可能であり，構築したプラスミドをこれらの株に導入するだけで多様な遺伝的背景のなかで対象タンパク質を発現できる．さらに，相互作用タンパク質候補同定後においても，モデル生物ならではの迅速な研究展開が可能である．

1. 発現プラスミドの構築

　AirIDは比較的大きいため（35 kDa），付加することによってそのタンパク質の機能を阻害する可能性がある．筆者の解析においても，HAのような小さなタグは許容できるが，AirIDの付加は機能を大きく損ねたケースがあった．したがってAirIDを付加した融合タンパク質が活性を保持しているのかを必ず確認する必要がある．また発現量の検討も重要である．出芽酵母では相同組換えを利用して染色体上の標的部位に正確に遺伝子を導入することができる．したがって厳密にネイティブな状態と同じ発現量でビオチン化酵素を付加したタンパク質を発現させることができる．またARS/CEN配列を組込んだプラスミドにおいて，対象タンパク質自身のプロモーター（ネイティブプロモーター）の下流にAirID融合タンパク質遺伝子をクローニングすれば染色体からの発現とほぼ同じ発現量となる．この場合，過剰発現によるアーティファクトを排除し，偽陽性を少なくすることができる．その一方で，AirID融合タンパク質を過剰発現すれば，発現量の低いタンパク質との相互作用や，共免疫沈降実験では検出困難な弱い相互作用もしくは一過的な相互作用を検出できる可能性がある．EuroscarfやATCCより各種過剰発現プロモーターを組込んだプラスミドを入手可能である．筆者の解析ではまず液胞膜タンパク質遺伝子自身のプロモーターからAirID融合タンパク質を発現するプラスミドを構築し（図1A，p316-AirID-X），遺伝子破壊の表現型を相補することを確認した．また過剰発現となるプロモーター（*ADH* promoter）と*CYC1*遺伝子のターミネーターを組込んだプラスミドp416 ADH[2]にORFをクローニングし，AirIDを融合した液胞膜タンパク質を恒常的に過剰発現させるプラスミドも構築した（図1B，p416-ADH-AirID-X）．

2. ビオチン添加培養条件の決定

　酵母は高等動物同様，補酵素としてビオチンを必要とするカルボキシラーゼ等の酵素をもつため，通常の栄養培地には10 nM程度のビオチンが含まれる．しかし，この濃度ではAirID融合タンパク質と相互作用するタンパク質を同定するには不十分である．したがって，AirID融合タンパク質の発現酵母を培養する際は培地にビオチンを添加する必要があるが，高濃度ビオチンの添加は偽陽性の出現頻度を上げてしまう可能性がある．そこでビオチンの量とビオチン添加後の培養時間を検討する必要がある．筆者らの検討結果については後述する．

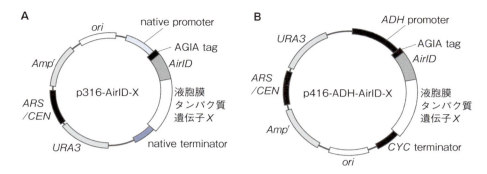

図1　AirID融合型タンパク質発現プラスミドの構築

A) 液胞膜タンパク質遺伝子自身のプロモーター（native promoter）からAirID融合タンパク質を発現するプラスミド．**B)** 過剰発現プロモーター（ADH promoter）とCYC1遺伝子のターミネーター（CYC terminator）を組込んだプラスミドp416 ADH[2]に，AirID融合タンパク質をコードするORFをクローニングしたプラスミド．いずれも酵母での自律的複製配列ARS/CENと選択マーカーとしてウラシル合成酵素遺伝子（URA3）を有し，融合タンパク質検出のためにAGIAタグ配列を開始コドンとAirID配列の間に挿入してある．

準備

細胞
- [ ] 酵母 S. cerevisiae 株

培地
- [ ] YPD培地
  1 % Bacto Yeast Extract（Thermo Fisher Scientific社，212750）
  2 % HIPolypeptone（富士フイルム和光純薬社，390-02116）
  2 % glucose（富士フイルム和光純薬社，043-31163）

- [ ] SD＋CA＋Trp培地
  0.17 % DIFCO Yeast nitrogen base without amino acids and ammonium sulfate（Thermo Fisher Scientific社，233520）
  0.5 % Bacto casamino acids（Thermo Fisher Scientific社，223050）
  0.5 % ammonium sulfate
  2 % glucose
  20 mg/L tryptophan（トリプトファン0.2 gを50 mLのミリQ水に溶解し，フィルター滅菌した200×トリプトファン溶液をストック溶液として作製する）

酵母形質転換試薬
- [ ] TE-LiOAc溶液（10 mM Tris-HCl, pH 8.0／1 mM EDTA／0.1 M 酢酸リチウム）
  酢酸リチウム二水和物〔ナカライテスク社，20604-22（特級）〕
  Tris (hydroxymethyl) aminomethane〔ナカライテスク社，35434-21（分子生物学用）〕
  EDTA・2Na（同仁化学研究所，345-01865）
  フィルター滅菌

☐ PEG-TE-LiOAc 溶液（40％ PEG4000／10 mM Tris-HCl, pH 8.0／1 mM EDTA／0.1 M 酢酸リチウム）

ポリエチレングリコール #4000（ナカライテスク社，28221-05）
酢酸リチウム二水和物〔ナカライテスク社，20604-22（特級）〕
Tris (hydroxymethyl) aminomethane〔ナカライテスク社，35434-21（分子生物学用）〕
EDTA・2Na（同仁化学研究所，345-01865）
フィルター滅菌

☐ ssDNA：single stranded carrier DNA from salmon testes，Sigma-Aldrich 社，D9156, 10 mg/mL

タンパク質抽出試薬

☐ Lysis buffer（0.2 M NaOH，2％ 2-mercaptoethenol）：原法[1] より改変

☐ 100w/v％ Trichloroacetic Acid（TCA）：ナカライテスク社，34637-85（生化学研究用）

☐ Tris (hydroxymethyl) aminomethane：ナカライテスク社，35434-21（分子生物学用）

質量分析試料調製試薬

☐ 8 M Guanidine-HCl：富士フイルム和光純薬社，071-02891（Guanidine-TCEP buffer 作製に使用）

☐ TCEP-HCl〔Tris (2-carboxyethyl) phosphine Hydrochloride〕：ナカライテスク社，06342-21（分子生物学用）

☐ 2-Chloroacetamide（CAA）：Sigma-Aldrich 社，22790-250G-F（HPLC グレード）

☐ Guanidine-TCEP buffer（6 M Guanidine-HCl／0.1 M Hepes-NaOH，pH 7.5／10 mM TCEP，pH 7.0／40 mM CAA）

☐ (+)-Biotin：富士フイルム和光純薬社，029-08713（ストック溶液として 5 mM Biotin を 10 mM Tris-HCl，pH 8.0 に溶解し調製）

☐ anti-Biotin-HRP linked antibody：Cell Signaling Technology 社，7075S

ベクター

☐ pRS316：NBRP より入手可能

☐ p416ADH：ATCC より入手可能

プロトコール

1. 酵母における AirID 融合タンパク質の発現（条件の設定）

❶ 融合タンパク質発現プラスミドを構築する[*1].

*1 ネイティブプロモーターからの発現について．ネイティブプロモーターからの発現であれば酵母ゲノム上の上流約 1 kb と下流約 0.5 kb とともに ORF をクローニングすれば十分である．出芽酵母ではほとんどの遺伝子にイントロンは含まれないため，ゲノム DNA を抽出して PCR の鋳型として使用できる．プロモーター領域は 1 kb あれば十分であるが，まれに長い領域を発現に必要とする遺伝子もある．また，上流 1 kb および下流 0.5 kb のなかに別の短い遺伝子が含まれてしまうこともあるためデータベース（https://www.yeastgenome.org）を参照

112　リアルな相互作用を捉える近接依存性標識プロトコール

し適宜クローニングする領域を決定する．遺伝子をクローニングした後，ORFの開始コドン直後か終止コドン直前に制限酵素切断部位を適宜導入し，AGIAタグ[3]を付加したAirIDコードDNA断片をクローニングする．AirIDを対象タンパク質のN／C末端いずれに付加するかは，融合型タンパク質の機能評価の結果により決定する．AirID融合タンパク質の過剰発現で機能を相補できても，ネイティブプロモーターから発現すると機能の低下が明らかになることがある．

❷ 30℃でYPD液体培地中で一晩振盪培養した酵母菌を5 mLのYPD液体培地でOD$_{660}$＝0.1に希釈しOD$_{660}$＝0.5まで振盪培養する．

❸ 酵母菌を750×gの遠心で集め，TE-LiOAc溶液500 μLに懸濁し1.5 mLチューブに移す．

❹ 酵母菌を750×gの遠心で集め，TE-LiOAc溶液100 μLに懸濁し5 μL（1～5 μg）のプラスミドと5 μLのssDNAを加える．

❺ PEG-TE-LiOAc溶液600 μLを加え混合し42℃で30分インキュベーションする．

❻ 酵母菌を750×gの遠心で集め，50 μLの滅菌水で懸濁しSD＋CA＋Trpプレート培地に塗布し形質転換体を選抜する．

❼ 生えてきたコロニーをSD＋CA＋Trp液体培地で培養する．対数増殖初期2 OD$_{660}$相当の細胞を集め，Biotinを添加したSD＋CA＋Trp培地4 mLに懸濁して30℃で2時間培養する．

❽ 3 OD$_{660}$相当の細胞を集菌する．

2. タンパク質抽出

❶ 3 OD$_{660}$相当の細胞ペレットに氷冷したLysis buffer 1 mLを加え懸濁する．

❷ 氷中で10分間静置する．

❸ 75 μLの100％TCAを添加し懸濁する．

❹ 氷中で10分間静置する．

❺ 4℃，20,000×gで2分間遠心する．

❻ 上清を除き，沈殿に1 M Tris 500 μLを加え[*2]，そのまますぐ20,000×gで1分間遠心する．

　　*2　ここでは懸濁しない．

❼ 上清を除き，沈殿をSDS-PAGE buffer 100 μLで懸濁する[*3]．

　　*3　バスタイプソニケーターを使用する．

❽ タンパク質試料10 μLをanti-AGIA-HRP抗体もしくはanti-Biotin-HRP抗体（streptavidin-HRPでもよい）を用いたウエスタンブロット解析に供し，特異的ビオチン化の有無を確認する．

3. 質量分析試料の調製

❶ 対数増殖初期まで培養したコントロールもしくはAirID融合対象タンパク質を発現させた株の30 OD_{660}相当を集菌し，60 mLの5 μM Biotin含有培地に懸濁して2時間培養する[*4][*5].

[*4] コントロールの設定について．筆者らはAirID未付加の対象タンパク質をネイティブもしくは過剰発現プロモーターから発現させてコントロールとしている．AirID融合タンパク質を過剰発現した際，コントロールに対して多数のビオチン化ペプチドが検出されることになるが，酵母だと同定された候補タンパク質との相互作用の有無や意義を検証するための解析が迅速かつ簡便である．特定のドメインを欠損させた場合の変化や，遺伝子破壊株と野生株の比較など，コントロールを変えることでターゲットを絞り込んだ相互作用タンパク質の同定も可能と考えられる．

[*5] ビオチン添加後の培養時間について．ビオチン添加のタイミングや培養時間は目的に応じて設定する．筆者らの実験では1時間でも十分なビオチン化が確認されている．2時間以上の培養（4～6時間）では顕著な差が認められなかったため，2時間に設定して質量分析用の試料を調製している．相互作用因子は培養条件の変更や薬剤添加後，経時的に変化しうるため，必要に応じてサンプリングのタイミングを検討した方がよいだろう．

❷ 50 OD_{660}相当を集菌し，**2**のアルカリ／TCA法によりタンパク質を抽出する．

❸ 抽出したタンパク質の沈殿を1 M Trisで洗浄し，0.75 mLのGuanidine-TCEP buffer に懸濁する．タンパク質量をPierce BCA Protein Assay Kit-Reducing Agent Compatible（Thermo Fisher Scientific社，23250）を用いて定量する．

❹ トリプシン分解，ビオチン化ペプチドの精製，質量分析は実践編-4を参照．

実験例

AirIDとともに付加したAGIAタグに対する抗体（anti-AGIA-HRP抗体[3]）を用いて酵母細胞に発現させたAirID融合液胞膜タンパク質をウエスタンブロット解析により検出した（図2左）．コントロールであるタグ未付加タンパク質発現株（p316-X）の試料に対して，AirID融合タンパク質特異的なバンド（AirID-X）が100 kDa付近に検出された．さらに*ADH*プロモーターからAirID融合タンパク質を発現させた場合，この100 kDa付近のバンドのシグナル強度はネイティブプロモーターから発現させた場合のそれに比べて明らかに強かったことから，AirID融合タンパク質の過剰発現が確認された．また，1 μM，5 μM，もしくは50 μMと添加するビオチン濃度を変えて2時間培養しても，ネイティブ／過剰発現ともに，ビオチン濃度による融合タンパク質の細胞内レベルの変化は認められなかった．anti-Biotin-HRP抗体を用いて同試料中のビオチン化タンパク質を検出したところ，ビオチン未添加の試料においても複数のバンドが検出された（図2右）．酵母の内在性ビオチン含有タンパク質として，acetyl-CoA carboxylase（Acc1/Hfa1），pyruvate carboxylase（Pyc1/Pyc2），urea amidolyase（Dur12），およびtRNA-aminoacylation cofactor（Arc1）が報告されている[4]．筆者らの分析では，250 kDa，140 kDa，および45 kDa付近にビオチン未添加の試料においても明瞭なバンドが検出され（図2），質量分析の結果，それぞれの分子量に相当するAcc1/Hfa1，Pyc1/Pyc2，およびArc1由来のペプチドが有意に検出されている．ネイティブプロモーターからの発現では，これら内在性ビオ

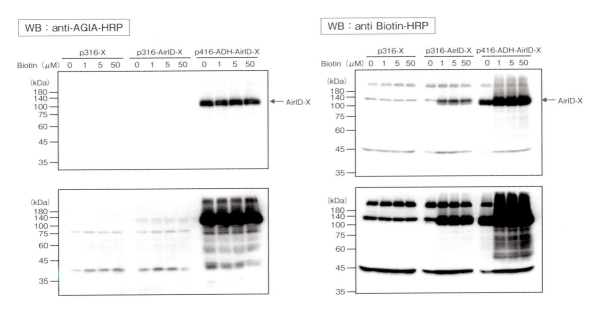

図2　AirID融合型タンパク質の発現とビオチン化タンパク質の検出
AirID未付加（p316-X）もしくはAirID融合タンパク質をネイティブプロモーター（p316-AirID-X）もしくは過剰発現プロモーター（p416-ADH-AirID-X）より発現する酵母細胞をさまざまな濃度（0, 1, 5または50 μM）のビオチンを添加したSD＋CA＋Trp培地で2時間培養し，集菌後，アルカリ／TCA法でタンパク質を抽出した．各0.3 OD$_{660}$相当のタンパク質試料を10％アクリルアミドゲルSDS-PAGEで泳動し，anti-AGIA-HRP抗体（**左**）およびanti-Biotin-HRP抗体（**右**）を用いたウエスタンブロット解析に供した．同じブロットに対し化学発光の検出時間を変えてタンパク質を検出した結果を示す（**上段**：短時間，**下段**：長時間）．ADHプロモーターからのAirID融合タンパク質の過剰発現および添加ビオチン濃度の上昇に伴いビオチン化タンパク質が増加した．

チン含有タンパク質由来のビオチン化ペプチドが優勢になる．一方ビオチンを添加するとAirID融合タンパク質発現試料において未添加の試料中では検出されなかったバンドが検出されるようになった．このAirID融合タンパク質発現試料に特異的なバンドパターンはビオチン添加後2時間では5 μMと50 μMの間でほとんど同じであることから5 μMのビオチン添加で十分であることがわかる．それ以上だと偽陽性のタンパク質を検出する可能性があるが，弱い相互作用を検出する場合はビオチン濃度を上げることも検討すればよい．また，ビオチン添加後の培養時間も検討する必要がある．図3に示すようにビオチン添加後2時間までは検出されるバンドの数およびシグナル強度が増加する．筆者らは5 μMビオチン添加後2時間培養した酵母細胞からタンパク質を抽出し，ビオチン化ペプチド同定のための質量分析に供している．AirIDを異なる液胞膜タンパク質に付加し同様に実験を行うと異なるビオチン化ペプチドが検出されることから，対象となるタンパク質に特異的な相互作用タンパク質を検出できていると考えている．また，同じAirID融合タンパク質を発現させても，栄養条件を変化させると検出されるペプチドのプロファイルが異なってくる．条件変化によって多くのタンパク質の細胞内レベルが変化したことを反映するとともに，相互作用するタンパク質の変化も検出できることを示唆している．さらにネイティブプロモーターよりAirID融合タンパク質を発現させた場合では過剰発現させた場合に比べて同定されたビオチン化ペプチドが大幅に少なくなる．この場合，偽

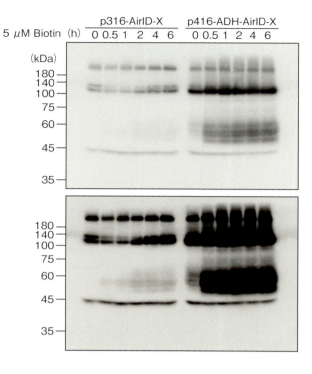

図3　ビオチン添加培地での培養時間によるビオチン化タンパク質の変化

p316-AirID-Xもしくはp416-ADH-AirID-Xを導入した酵母細胞を5μMのビオチンを含むSD＋CA＋Trp培地で図中に示した時間培養し，抽出したタンパク質中のビオチン化タンパク質を図2と同様にanti-Biotin-HRP抗体を用いたウエスタンブロット解析によって検出した．同じブロットに対し化学発光の検出時間を変えてタンパク質を検出した結果を示す（**上段**：短時間，**下段**：長時間）．ビオチン添加後2時間まではビオチン化タンパク質が増加し，それ以降はほぼ変化しなかった．

陽性が排除されるとともに条件変化に伴う相互作用タンパク質の変化も正確に反映していることが期待できるが，弱い／一過的な相互作用を排除している可能性もある．AirID融合タンパク質の発現量を最適化するために，酵母ではさまざまな強度のプロモーターで段階的に発現量を変えることも可能である[2]．

おわりに

　膜タンパク質を含む複合体の共免疫沈降実験では，細胞を破砕後，界面活性剤を使用し可溶化する際，相互作用タンパク質が解離してしまうことがある．これまでは適切な界面活性剤の選択や架橋剤を使って結合を固定することでこの問題を克服してきたが，近接依存性ビオチン標識は細胞を破砕する前に相互作用タンパク質を標識するためこれらの条件設定操作を省くことができる．またキナーゼやホスファターゼのような一過的な相互作用もこの手法で明らかになっていくだろう．しかし同時に問題となってくるのはビオチン標識によって同定できた候補タンパク質との相互作用をどのように検証するのかである．弱い相互作用を検出するために共免疫沈降実験の条件を再検討することも一つの解決策であるが，別法でより簡易に相互作用を検証することができれば，相互作用部位の特定とその欠損に伴うアウトプットの検出をすみやかに進め，相互作用の意義を議論することが可能となる．BiFC（biomolecular fluorescence complementation）やNanoBiT（nanoLuc binary technology）等はそうした相互作用の検証法として有望であり，これらを組合わせることで，より迅速な*in vivo*でのタンパク質相互作用の

実践編　Ⅱ. 各生物種での解析

解析が可能になると思われる.

◆ 文献

1）Horvath A & Riezman H：Yeast, 10：1305-1310, doi:10.1002/yea.320101007（1994）
2）Mumberg D, et al：Gene, 156：119-122, doi:10.1016/0378-1119(95)00037-7（1995）
3）Kido K, et al：Elife, 9：e54983, doi:10.7554/eLife.54983（2020）
4）Kim HS, et al：J Biol Chem, 279：42445-42452, doi:10.1074/jbc.M407137200（2004）

実践編　Ⅱ．各生物種での解析

10 ショウジョウバエ生体における近接依存性標識プロテオミクス

川口紘平，藤田尚信

近年開発された近接依存性標識法は主に培養細胞で用いられているが，生体内には培養細胞系では再現するのが困難な生命現象や構造体も存在する．ショウジョウバエは遺伝学的に扱いやすいうえに発達した器官系を持つため，生体を用いた近接依存性標識プロテオミクスに適したモデル生物の一つであるといえる．異所的な遺伝子発現系を用いて，ショウジョウバエの目的の組織に近接依存性ビオチン化酵素を融合させたコンストラクトを発現させることにより，生体における近接依存性標識プロテオミクスが可能である．

はじめに

近接依存性ビオチン標識法に用いられる酵素には，大豆由来アスコルビン酸ペルオキシダーゼを改変してつくられたAPEX系（APEXおよびAPEX2）と，大腸菌由来ビオチンリガーゼBirAを改変してつくられたBirA系（BioID, BioID2, TurboID, miniTurbo, AirID）の酵素がある．APEX系は標識時間が短いという大きな利点があるが，ビオチン化反応にビオチンフェノールとH_2O_2を要求する．その処理は煩雑であるうえに細胞毒性が現れやすく，APEX系を用いた生体内ビオチン標識の障壁になるケースも多い．一方，BirA改変タンパク質によるビオチン化反応は標識時間のコントロールは難しいが，煩雑な処理を必要としないため多数の個体を必要とするショウジョウバエ生体内のビオチン標識に適している．BioIDやBioID2の至適温度は比較的高く[1]，25℃付近で飼育されるショウジョウバエの生体内でビオチン化反応を誘導することは難しかったが，酵母表面ディスプレイ法を用いてBioIDを指向性進化させたTurboIDやminiTurboは，BioIDよりも高い酵素活性を示すだけでなく，25℃付近でも十分な酵素活性を発揮する[2]．よって，TurboIDもしくはminiTurboを用いることにより，ショウジョウバエ生体内でも効率的な近接依存性ビオチン標識が可能となった※．

ショウジョウバエには，異所的な遺伝子発現系であるGAL4/UASシステムが整備されており，目的の遺伝子の発現を自在にコントロール可能である（図1①，②）．GAL4は酵母由来の転写因子であり，UAS配列に結合しその下流にコードされた遺伝子の発現を誘導する．5,000を超えるGAL4系統がストックセンターから配布されており，それらを用いることにより任意

※　AirIDも37℃以下で活性をもつことが示されているため[3]，ショウジョウバエ生体内でビオチン標識が可能と思われる．

実践編　II. 各生物種での解析　**10**

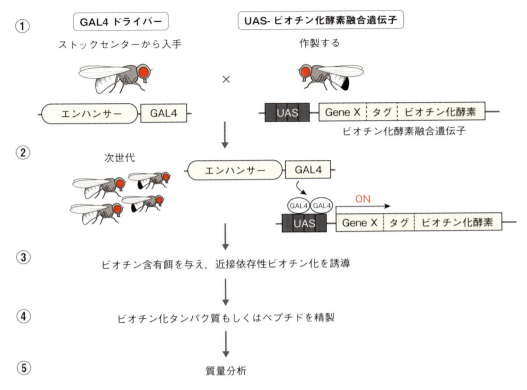

図1　GAL4/UASシステムを用いた近接依存性標識プロテオミクス
GAL4/UASシステムでは，任意のエンハンサー配列の下流に最小プロモーターと酵母由来の転写因子GAL4が挿入されたGAL4ドライバー系統と，GAL4が結合するUAS配列の下流に特定の遺伝子をもつUAS系統を交配する（①）．次世代の個体では，GAL4がUAS配列に結合し下流の遺伝子発現が誘導される（②）．本法では，UASの下流にビオチン化酵素融合遺伝子をもつ系統を作製し，ストックセンターからとり寄せた任意のGAL4系統と掛け合わせることで，組織特異的にビオチン化酵素融合タンパク質を発現させる（①，②）．作製した個体にビオチン含有餌を与え（③），可溶化した組織からビオチン化タンパク質もしくはペプチドを精製し（④），質量分析に供する（⑤）．

のタイミングに任意の場所で目的遺伝子の発現を誘導できる．本稿では，BirA改変型ビオチンリガーゼであるTurboIDやminiTurboとGAL4/UASシステムを用いた近接依存性標識プロテオミクスの実際の手法を紹介する（図1）．

準備

トランスジェニック系統の作製

□ 3xHA-TurboID-NLS_pCDNA3（addgene, #107171）やV5-miniTurbo-NES_pCDNA3（addgene, #107170）などのTurboIDもしくはminiTurboをもつプラスミドDNA

□ pUASt-attB[4]などのUAS系統作製用プラスミドDNA

119

- [ ] y[1] v[1] P{y[+t7.7]=nanos-phiC31¥int.NLS}X; P{y[+t7.7]=CaryP} Msp300[attP40]〔Bloomington Drosophila Stock Center（BDSC），25709〕などのインジェクション用の系統

近接依存性ビオチン標識

- [ ] 100 mM ビオチン／水酸化ナトリウム水溶液

    ビオチンはほとんど水に溶けないため，透明になるまで水酸化ナトリウムを加える．

- [ ] 1 mM ビオチン含有餌

    バイアルに溶解した餌を分注し，1/100量の 100 mM ビオチン溶液を加え，ボルテックスで軽く撹拌する．

ショウジョウバエの解剖

- [ ] 解剖用ピンセット（Fine Science Tools社，11295-10）
- [ ] 解剖用ハサミ（Fine Science Tools社，15000-08）
- [ ] 微小ピン 直径0.10 mm（Fine Science Tools社，26002-10）
- [ ] 解剖皿

    一般的な 3.5 cm ディッシュに，シリコンポッティング材（Sylgard 184, Dow社，3097358-1004）を流し込んで作製する．

- [ ] 解剖用バッファー（5 mM HEPES，128 mM 塩化ナトリウム，2 mM 塩化カリウム，4 mM 塩化マグネシウム，36 mM スクロース）

ショウジョウバエ組織サンプルのウエスタンブロット

- [ ] Streptavidin-HRP（Thermo Fisher Scientific社，S911など）
- [ ] 撹拌棒つき組織破砕用 1.5 mL チューブ（バイオマッシャーⅡ，ニッピ社，893061など）
- [ ] サンプルバッファー（2% SDS，10% グリセロール，0.01% ブロモフェノールブルー，62.5 mM Tris-HCl pH 6.8，100 mM Dithiothreitol）

    組成は一例であり，同等のものであれば問題ない．Dithiothreitol は使用直前に添加する．

ショウジョウバエの組織染色

- [ ] 4% パラホルムアルデヒド・リン酸緩衝液（ナカライテスク社，09154-85など）

    酸化を防ぐために，開封後は分注して－20℃に保存し，使用直前に解凍する．

- [ ] ブロッキングバッファー（0.3% BSA，0.6% Triton X-100/PBS）

    1 mLずつ分注し，－20℃で保存．界面活性剤の種類と濃度は実験系ごとに検討が必要になる．

- [ ] Streptavidin-Alexa594（Thermo Fisher Scientific社，S32356など）
- [ ] 抗HAウサギポリクローナル抗体（医学生物学研究所，561）や，抗V5マウスモノクローナル抗体（Thermo Fisher Scientific社，R960-25）などのショウジョウバエの組織染色に適した抗エピトープタグ抗体

実践編　II. 各生物種での解析　**10**

質量分析用サンプルの調製

□ グアニジン含有可溶化バッファー〔6 M グアニジン塩酸塩，20 mM Tris-HCl，10 mM Tris（2-carboxyethyl）phosphine hydrochloride，40 mM Chloroacetamide，プロテアーゼインヒビターカクテル〕

実験系によってSDSや，その他の界面活性剤を含む可溶化バッファーが好ましい場合もある．

プロトコール

1. ビオチン化酵素融合タンパク質を発現する系統の作製とビオチン標識

❶ pUASt-attB などのUAS系統作製用ベクターのマルチクローニングサイトに，ビオチン化酵素を融合させたコンストラクトを挿入する．発現確認のためにエピトープタグを付加しておく[*1]．

> [*1]　経験的に，FLAGタグはショウジョウバエの組織染色と相性が悪いため推奨しない．S/N比の高い画像を取得するために，HAやV5のタンデムタグを推奨する（3×HA，3×V5など）．

❷ インジェクション用系統の胚に，作製したプラスミドDNAを導入する．

❸ mini whiteや3xP3-RFPなど，ベクターに含まれる選択マーカーを指標にUAS系統を作製する．

❹ ストックセンターから入手したGAL4系統と作製したUAS系統を交配し，目的の細胞にビオチン化酵素を融合させたコンストラクトを発現させる．

❺ それらの個体を1 mMビオチン含有餌にて2日間程度飼育する．

2. ウエスタンブロットによるビオチン化酵素融合タンパク質の発現とビオチン標識の確認

筋細胞にビオチン化酵素を融合させたコンストラクトを発現させたケースを紹介する．解剖の方法，可溶化の条件，回収するサンプルの量は，実験系ごとに検討が必要になる．

❶ 解剖皿の上で，1サンプルあたり5匹のwandering larvae[*2]を解剖し，体壁筋を含むフィレを得る[*3]．解剖方法は参考文献[5]の動画を参照されたい．

> [*2]　バイアルの壁面を彷徨う幼虫のこと．
> [*3]　フィレは表皮細胞や運動神経なども含むが，主要な細胞は筋細胞である．

❷ フィレから微小ピンを外し，50 μLのサンプルバッファーの入った1.5 mLチューブに移す．

❸ 撹拌棒を用いて組織を破砕する．

❹ 2〜3秒間の超音波処理により，組織を完全に破砕する．

❺ 95℃にて5分間ボイルする．

❻ 不溶画分を除くために，室温にて 20,000 × g で 5 分間遠心する.

❼ 遠心後の沈殿を除き，上清を新しい 1.5 mL チューブに移す.

❽ ポリアクリルアミドゲルの 1 ウェルあたり 10 μL のサンプルをアプライし，電気泳動した後，PVDF メンブレンに転写する.

❾ エピトープタグに対する抗体と Streptavidin-HRP を用いて，ビオチン化酵素融合タンパク質の発現とビオチン化タンパク質を検出する.

3. 免疫蛍光染色によるビオチン化酵素融合タンパク質の発現とビオチン標識の確認

筋細胞にビオチン化酵素を融合させたコンストラクトを発現させたケースを紹介する. 解剖方法やブロッキングバッファーの組成は，実験系ごとに検討が必要になる.

❶ 解剖皿の上で，1 サンプルあたり 3 匹程度の wandering larvae を解剖し，体壁筋を含むフィレを得る.

❷ 解剖皿中のバッファーを 4 % パラホルムアルデヒド・リン酸緩衝液に置換し，室温で 20 分間固定する.

❸ 1 mL PBS で 3 回洗浄する.

❹ フィレから微小ピンを外し，100 μL ブロッキングバッファーの入った 96-well plate に移す.

❺ 室温で 30 分間インキュベートする.

抗体染色の場合

❻ タグに対する抗体をブロッキングバッファーで希釈する.

❼ 調製した 1 次抗体溶液にサンプルを浸し，4℃で一晩インキュベートする.

❽ 150 μL PBS で 3 回洗浄する.

❾ ブロッキングバッファーを用いて調製した 2 次抗体溶液に浸し，室温で 3 時間インキュベートする.

❿ 150 μL PBS で 5 回洗浄する.

⓫ 筋細胞がある面をカバーガラス側になるように，プレパラートを作製する.

⓬ 共焦点顕微鏡を用いて，ビオチン化酵素を融合した目的タンパク質の発現と局在を観察する.

Streptavidin 染色の場合

❻ 蛍光色素が付加された Streptavidin をブロッキングバッファーで希釈する. 抗体染色と同時に行う場合，2 次抗体溶液に加えてもよい.

❼ Streptavidin 溶液に，室温で 3 時間インキュベートする.

❽ 150 μL PBS で 5 回洗浄する.

❾ 筋細胞がある面がカバーガラス側になるようにプレパラートを作製する.

実践編　Ⅱ. 各生物種での解析　**10**

⑩ 共焦点顕微鏡を用いて，目的の構造体近傍がビオチン標識されているか確認する.

4. 質量分析用サンプルの調製

　　筋細胞にビオチン化酵素融合タンパク質を発現させ，Tamavidin 法を用いてビオチン化ペプチドを精製するケースを紹介する. Streptavidin ビーズを用いて精製する場合には，参考文献を参照されたい[2]. 回収する組織の量と可溶化の条件は，実験系ごとに検討が必要になる.

❶ 1 サンプルあたり 30 匹の wandering larvae を解剖し，フィレを得る.

❷ フィレからピンを外し，氷冷 PBS の入った 1.5 mL チューブに移す.

❸ 500 μL 氷冷 PBS で 2 回洗浄する.

❹ 200 μL グアニジン含有可溶化バッファーを加え，室温で 30 分静置する.

❺ 撹拌棒で組織を破砕する.

❻ 2〜3 秒ソニケーションし，組織を完全に破砕する.

❼ −80℃で保存. 調製したサンプルの解析については，実践編-4 を参照されたい.

トラブル対応

Q1 ビオチン含有餌で飼育すると生育に異常がみられた.

A. ビオチンの濃度を下げるか，ビオチン含有餌で飼育する時間を短くする.

Q2 ビオチン化酵素を融合した目的タンパク質の局在が，内在性タンパク質と大きく異なっていた.

A. 発現量を下げると改善する場合がある. 他の GAL 系統，内在性プロモーターを用いた発現系，GeneSwitch-GAL4[6]，GAL80ts[7] システムを検討する.

Q3 ウエスタンブロットを行ったが，予想される分子量の下にも目的のコンストラクトのバンドが検出された.

A. サンプル中に腸管が混入すると，腸管由来の強力なプロテアーゼによりタンパク質が分解される. 解剖する際に，腸管を丁寧に取り除くことで改善する場合がある. 腸管自体をウエスタンブロットに供する場合には，高濃度のグアニジンを含む可溶化バッファーを用い，腸管に含まれるプロテアーゼを完全に失活させるとよい.

Q4 グアニジンを含む可溶化バッファーに SDS-PAGE サンプルバッファーを加えたところ，タンパク質が沈殿してしまった.

A. グアニジンは SDS と難溶性の塩を形成する. TCA 沈殿などを行い，SDS-PAGE に供する

123

前にグアニジンを十分に取り除く必要がある.

Q5 同定されたビオチン化タンパク質が多く，どの遺伝子に着目すればよいかわからない.

A. バックグラウンドが高い場合には，Streptavidin ビーズではなく Tamavidin ビーズを用いてビオチン化ペプチドを精製する．詳細は**原理編−3**を参照されたい．また，スコアを参考にしつつ，RNAi スクリーニングを実施し，目的の遺伝子を選別するとよい.

Q6 コントロールに，どのようなサンプルを用いるべきか.

A. ビオチン化酵素を融合させたコンストラクトを発現させてビオチンを摂食させなかったサンプル，あるいはビオチン化酵素のみを発現させてビオチンを摂食させたサンプルをコントロールとする．免疫沈降法により結合タンパク質を探索する場合と同様に，目的に合わせて適切なコントロールを選択するとよい.

実験例

1. ウエスタンブロットによるビオチン標識の確認

　　筋肉特異的 GAL4 ドライバー系統 Mef2-GAL4 と UAS-GeneX-miniTurbo を交配し，筋細胞特異的に GeneX-miniTurbo を発現させた．本法に従い，ウエスタンブロットによりビオチン標識を確認した（図2）.

2. 組織染色によるビオチン標識部位の確認

　　前述した組織染色のプロトコールは腎細胞の染色にも使用できる．腎細胞のスリット膜に局在するコンストラクト miniTurbo-GeneY を作製し，内在性プロモーターを用いて発現を誘導した．本法に従い，組織染色によってスリット膜近傍のビオチン標識を確認した（図3）.

実践編　Ⅱ．各生物種での解析

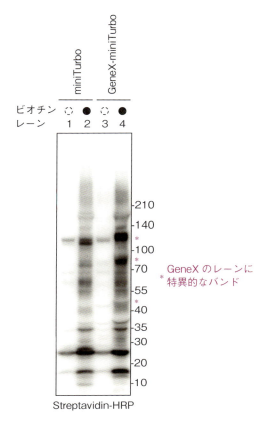

図2　ウエスタンブロットによるビオチン標識の確認

幼虫の筋細胞にminiTurboあるいはGeneX-miniTurboを発現させ，ビオチン含有餌を与えた後，フィレをウエスタンブロットに供した．ビオチンを与えたサンプルには，ビオチン化タンパク質のスメアなバンドが確認された（レーン2，4）．ビオチン含有餌を与え，かつGeneX-miniTurboを発現させたレーンにいくつかの特異的なバンドが確認された（レーン4，＊）．

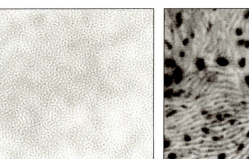

図3　組織染色によるビオチン標識の確認

腎細胞にminiTurboあるいはGeneY-miniTurboを発現させ，ビオチン含有餌を与えた．wandering larvaeの腎細胞をStreptavidin染色に供し，超解像顕微鏡で撮影した．GeneY-miniTurbo発現細胞では，スリット膜に特徴的な指紋状の染色パターンがみられた．

おわりに

　ショウジョウバエは遺伝学的解析と生体イメージングに優れている一方，その小ささから生化学的解析には不向きなモデル生物だと考えられてきた．しかし，近年の質量分析技術の飛躍的な進歩と近接依存性標識法の登場により，生体内でプロテオミクスを実施する際にも，ショウジョウバエは現実的な選択肢の1つになった．本稿では筋細胞の例を中心に紹介したが，神経細胞においても質の高い近接依存性標識プロテオミクスのデータが得られることを確認している．幼虫のフィレと成虫の頭部以外にも，まとまった量のサンプルを回収しやすい胚，幼虫の脂肪体・成虫原基・腸管・中枢神経，成虫の胸郭・精巣・卵巣においても近接依存性標識プロテオミクスは実施可能だと考えられる．現状，1個体あたり数個から数十個ほどの細胞で構成される比較的小さい組織ではS/N比の高い解析は難しいが，質量分析計のさらなる高感度化により，任意の発生段階のあらゆる細胞・組織で近接依存性標識プロテオミクスが可能になると期待される．

◆ 文献

1) Kim DI, et al：Mol Biol Cell, 27：1188-1196, doi:10.1091/mbc.E15-12-0844（2016）
2) Branon TC, et al：Nat Biotechnol, 36：880-887, doi:10.1038/nbt.4201（2018）
3) Kido K, et al：Elife, 9：e54983, doi:10.7554/eLife.54983（2020）
4) Bischof J, et al：Proc Natl Acad Sci U S A, 104：3312-3317, doi:10.1073/pnas.0611511104（2007）
5) Brent JR, et al：J Vis Exp（24）：1107, doi:10.3791/1107（2009）
6) Osterwalder T, et al：Proc Natl Acad Sci U S A, 98：12596-12601, doi:10.1073/pnas.221303298（2001）
7) McGuire SE, et al：Science, 302：1765-1768, doi:10.1126/science.1089035（2003）

応用編

応用編

Split-BioID法とその派生技術の可能性

永本紗也佳, 髙野哲也, 奥山一生

タンパク質は単一細胞内において複数種の複合体を形成するが, 通常のBioID法では, 同定された近位タンパク質が複数ある複合体のうちどの複合体に由来するかを判別することはできない. Split-BioID法では, N末端断片とC末端断片に分離したビオチンリガーゼを2つの標的タンパク質にそれぞれ融合することで, これらのタンパク質が相互作用した際にリガーゼ活性が再構築される. つまり特定の二量体（複合体）特異的なタンパク質間相互作用解析が可能となる. 本稿ではSplit型酵素の設計と, これまでに報告されているSplit-BioID法の成果について解説する.

はじめに

タンパク質はしばしば単一の細胞内においてさまざまな複合体を形成する. 例えばある転写因子は複数の標的遺伝子を正負双方向に制御しており, コアクチベーターと相互作用するものと, コリプレッサーと会合しているものが単一細胞内に共存する. 標的タンパク質（protein-of-interest：POI）の機能を正確に理解するうえで, POIが形成するそれぞれの複合体を個別に解析することが重要である. しかし通常のBioID法では, POIに融合したビオチンリガーゼ（BL）によりビオチン化された近位タンパク質がいずれの複合体に由来するかは判別できない（図1）. この問題点の解決方策の一つがsplit-protein systemの応用である. split-protein systemは単一のタンパク質を2つあるいはそれ以上の断片に分離することで不活化し, 切断断片が再会合した際に本来の機能を再構築させる技術である. 酵母ツーハイブリット法（酵母GAL4をDNA結合ドメインと転写活性ドメインに分離）やSplit型蛍光タンパク質（GFPなどを分離）など, 分子間相互作用解析技術として広く利用されている. 近年, BioID法においてもsplit-protein systemを応用したSplit-BioID法が報告されている. BLをN末端（N-BL）断片とC末端（C-BL）断片に分離し2つのPOIにそれぞれ融合することで, これらが二量体（複合体）を形成した際に近位タンパク質が特異的にビオチン標識される（図1）. Split-BioID法は2分子の会合時に特異的なタンパク質間相互作用解析に有効なだけではなく, 非特異的なビオチン化の抑制にも効果が期待される. 本稿では, Split型BLの設計と活性の確認方法について解説し, これまでに報告されているSplit-BioID法の実例について紹介する.

Split型BLの設計と選定

第一世代の酵素であるbirA[p.R118G]（BirA*）（G78/G79, E140/Q141, E256/G257）, そして次世代型酵素TurboID（L73/G74）やAirID（R73/Q74）でSplit型酵素が報告されており[1〜5], これらコンストラクトの

A 通常のBioID法を用いた解析

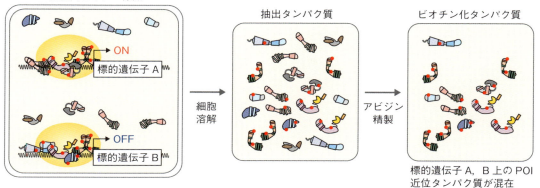

B Split-BioID法を用いた解析

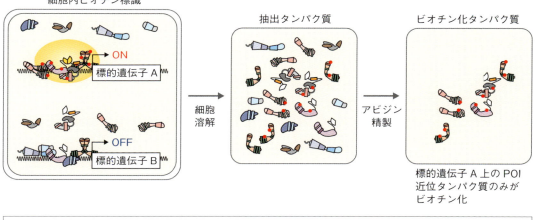

図1　通常のBioID法とSplit-BioID法

通常のBioID法では，ビオチン標識されるPOI近位タンパク質は細胞内のビオチン化タンパク質の総和であるため，それぞれのタンパク質がどの複合体の構成因子であったかは判別できない（**A**）．一方Split-BioID法では，2つのPOIが相互作用した場所でのみビオチン標識が行われるため，特定の複合体の解析が可能となる（**B**）．

一部はaddgeneから入手可能である（2024年5月現在）．POIの特性などにより既存のSplit型酵素を利用できない場合は切断部位を新たに設計する必要がある．また新規のBLでSplit-BioID法を行う際も改めて検討が必要である．AirIDはBirA*を元に人工的にデザインされたBLであり（**原理編-2**を参照），アミノ酸配列の82％が相同であるが，BirA*で報告されたE140/Q141でAirIDの分離に適用したところ，再会合で酵素

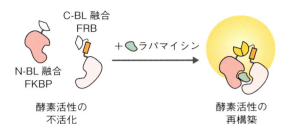

図2　FKBP，FRB，ラパマイシンによるN-BL，C-BLの二量体化

FKBPとFRBはラパマイシン存在下で二量体を形成する．これらにN-BLおよびC-BLをそれぞれ融合することで，ラパマイシン依存的にN末端断片，C末端断片の再会合を誘導し，ビオチンリガーゼ活性を測定する．

活性が回復しないことがわかった．また95％以上の相同性をもつBirA*とTurboIDにおいても，同一部位での切断で異なった挙動を示すことが報告されている[4]．したがって切断部位の設計では，BLごとでの検討が必要であると考えられる．

1. 切断部位の候補の選定

BLの切断部位の候補は既知の切断部位か，新規に設計する際にはアミノ酸配列や構造などを指標として選定する．*E. coli* 由来 birA に関しては二量体として結晶構造が決定しており，①DNA結合を担うN末端，②触媒活性を有する中央のビオチン結合ドメイン，③基質結合領域を含むC末端の3つのサブドメインで構成されている[6]．一般的にタンパク質を切断する場合，細胞内で特定の立体構造を持たない天然変性領域や，折りたたみ構造の表面に露出しているループ上など構造上柔軟性あるいは運動性の高い切断部位を設定する．また進化学的に保存されているアミノ酸配列はそのタンパク質の機能に重要であると予測されるため，候補として除くのが望ましい．

2. 切断断片会合時の酵素活性確認法

Split型BLの酵素活性の検討では，①切断によりN-BL，C-BLがともに不活性化することと，②N-BLとC-BLが再会合した際に酵素活性が再構築することを確認する．切断したBL断片を再会合させる方法は，化合物依存的なタンパク質二量体化を利用する．FK506 binding protein（FKBP）はラパマイシン存在下でFKBP-rapamycin binding domain of FKBP12-rapamycin associated protein（FRB）とヘテロ二量体を形成する[7]．各断片にそれぞれFKBP，FRBを融合することで，FKBP/ラパマイシン/FRB複合体形成を介したN-BL，C-BLの再会合を誘導する（図2）．注意点として，切断したN-BLとC-BLが一定の親和性を呈する場合がある．G78/G79での切断はBirA*には有効であるが，TurboIDではN末端とC末端断片が高い親和性を有し，ラパマイシン非存在下でも会合することが報告されている[4]．したがってN-BL，C-BLの酵素活性が消失していることについても個別に確認する必要がある．

酵素活性の確認方法は，トランスフェクションなどにより細胞にN-BLとC-BLを発現させ，ラパマイシンおよびビオチン存在下で培養した後，イムノブロッティングやフローサイトメトリーによりビオチン化タンパク質の検出を行う．RPMI-1640培地はビオチンを含有しているため（0.2〜2 mg/L），ビオチン不含のDMEMで継代維持が可能で，かつ遺伝子導入効率の高い293T細胞などの使用が推奨される．

実験例（図3）

1. Split-BioID法を用いたタンパク質間相互作用の解析

Split-BioID法は，タンパク質間相互作用を包括的に解析するには非常に効果的な技術であり，さまざまな細胞プロセスにおいて動的変化を引き起こすタンパク質間相互作用の解析に広く利用されている．例えば，プロテインホスファターゼPP1とその結合タンパク質（NIPP1やRepoMan）の相互作用は，PP1の酵素活性，

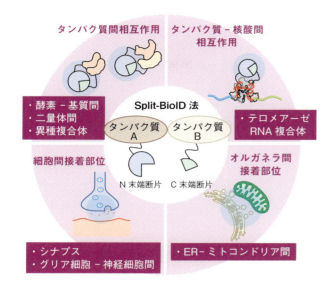

図3 Split-BioID法の実験例
Split-BioID法は，特定の生物学的課題に応じた異なるタンパク質ペアに適した断片の組合わせを利用することが可能であるため，多様なインタラクトーム解析に広く活用されている．この技術の柔軟性と包括性により，タンパク質間の相互作用，タンパク質と核酸の相互作用，オルガネラ接着部位の詳細な解析，さらには生体組織内の特定細胞間の接着部位の解析など，広範な生物学的プロセスの理解に大きく寄与していることが報告されている．

基質特異性，および細胞内局在の精密な調節に寄与している．Split-BirA*の各断片をPP1（PP1-BirA-N）とNIPP1（NIPP1-BirA-C）またはRepoMan（RepoMan-BirA-C）に融合しインタラクトーム解析を行ったところ，PP1-NIPP1複合体の特異的分子としてCDC5L，SF3B1/SAP155（SF3B1），NASPなどが同定され，一方でPP1-RepoMan複合体の特異的分子としてインポーチンα（KPNA2）が同定された[1]．またSplit-BioID法はstromal interaction molecule 1（STIM1）のようなホモ二量体タンパク質の解析にも用いられている．小胞体（ER）においてカルシウムイオン濃度のセンサーとして機能するSTIM1のSplit-BioID法によるインタラクトーム解析によって，ホモ二量体STIM1の相互作用分子として16種の複合体タンパク質が同定されている[8]．さらに，Split-TurboID法を用いたインタラクトーム解析はオートファジー研究にも応用されており，unc-51 like autophagy activating kinase 1（ULK1）非依存的なATG13-ATG101複合体が特定され，この複合体に固有の調節因子としてATG9Aが寄与していることが明らかにされている[9]．

2. Split-BioID法を用いたタンパク質−核酸間相互作用の解析

近年では，Split-BioID法はタンパク質−核酸間の相互作用の詳細な解析にも有効であることが示されている．Argonauteタンパク質1（Ago1）は，miRNA誘導サイレンシング複合体（miRISC）で機能し，特定のmRNAの活動を抑制することで遺伝子の発現を調節する．一方で，Ago1はRISCローディング複合体（RLC）の形成にも関与しており，miRNAやsiRNAの成熟と活性化を助ける役割を担っている．このAgo1の2つの異なる複合体形成と役割を解明するために，Split-BioID法が用いられ，miRISC複合体から50個，RLC複合体から14種のタンパク質が同定された．さらに，miRISC特異的な新規分子GIGYF2がmiRNAを介した翻訳抑制の重要な調節因子として特定されている[2]．またSplit-BioID法を用いて，テロメラーゼリボ核タンパク質（RNP）の非コードRNA成分telomerase RNA component（TERC）と結合するRNA結合タンパク質の解析も行われている．この研究では，split-APEXの各断片を特定のRNA領域に結合するMS2およびPP7バクテリオファージヌクレオカプシドタンパク質（MCP，PCP）に融合させることにより，TERCのRNA上での相互作用する分子の標識も可能であることが示

131

されている[10].

3. Split-BioID法を用いたオルガネラコンタクトサイトの分子機能解析

　真核細胞の内部には核やミトコンドリア，ゴルジ体など，オルガネラとよばれる複雑な膜構造が形成されている．これまで，オルガネラは独立に存在すると考えられてきたが，実際には異なるオルガネラ同士が直接結合するオルガネラコンタクトサイトを形成していることが明らかになってきた．近年，Split-TurboID法を用いた解析はタンパク質間相互作用（PPI）だけでなく，これらのオルガネラコンタクトサイトのプロテオーム解析にも広く用いられている．特に，ERとミトコンドリア間の接点（MAMs：mitochondria-associated membranes）に応用され，MAMsに存在する67種のタンパク質成分が同定されている[4]．同時期に他グループからもSplit-BirA*法を利用したMAMsのプロテオーム解析も報告されており，Contact-IDと名付けられたこの手法で115種類ものMAMs特異的タンパク質が同定されている[3]．興味深いことに，FKBP8という新たなMAMs特異的タンパク質がMAMsの形成やカルシウムの伝達に寄与していることも明らかにされている[3]．また，split-APEXと電子顕微鏡を用いた高解像度でのMAMsの可視化解析も可能であることが示されている[10]．

　近年では，MAMsの可視化技術とプロテオーム解析を可能にするCsFinD（complementation assay using fusion of split-GFP and TurboID）法という新しい技術も登場している．この手法は，分割型GFPと分割型TurboIDを融合したもので，これをMAMs領域に適応することで，酵母菌内の非常に微小なMAMsの可視化とプロテオーム解析が実現されている[11]．さらに，近年では光を用いてSplit-BioIDの活性を誘導するOptoIDやlight-activated BioID（LAB）も登場している[12] [13]．OptoIDは，Split-TurboIDにiLID/SspB光制御システムを搭載したもので，Split-TurboIDのN末端断片にiLID配列，C末端断片にSspBペプチドがそれぞれ組込まれている．iLID配列に含まれるLOV2ド

メインはブルーライトを受けると構造変化を起こし，SspBペプチドと相互作用する．これにより，Split-TurboIDの酵素機能が回復するしくみである．この技術を利用して，OptoIDのN末端断片をERに，C末端断片を細胞質にそれぞれ発現すると，光を照射することによりER膜上でビオチン標識が可能であることが示されている[12]．また，LABはcryptochrome 2（CRY2）とcryptochrome-interacting basic-helix-loop-helix（CIBI）の結合を利用したものであり，光照射によるインタラクトーム解析によって341種の細胞接着分子E-cadherinの相互作用分子が同定されている[13]．

4. Split-BioID法を用いた細胞間接着部位の分子機能解析

　近年，Split-BioID法は生体組織中の特定の細胞間接着部位の可視化とプロテオーム解析に応用されている．例えば，split-HRPを使用して脳組織中の特定の神経回路を標識する研究が行われている[14]．この研究では，split-HRPの各断片をシナプス間隙に存在する細胞接着分子であるニューレキシン（NRX）とニューロリギン（NLG）に融合することにより，培養神経細胞および生体組織の視覚系の神経回路（アクアマリン細胞と網膜神経節細胞間）のシナプス部位でバックグラウンドノイズと比較して約1.8倍の輝度で細胞接着部位を可視化できることが示されている[14]．さらに，Split-BioID法はグリア細胞の一種であるアストロサイトと神経細胞間のプロテオーム解析にも応用されている．筆者らは，大脳皮質に存在するアストロサイト-神経細胞間の構成分子として118種類ものタンパク質を同定した[15]．さらに，これまで神経細胞に由来する細胞接着分子と考えられてきたneuronal cell adhesion molecule（NRCAM）がアストロサイトにおいて高発現しており，NRCAMがホモフィリック結合を介して抑制性シナプスの足場タンパク質gephyrinをリクルートし，抑制性シナプスの形成と機能を制御していることが明らかにされた[15]．

おわりに

　Split-BioID法は，通常のBioID法を発展させたものであり，タンパク質間の相互作用や細胞内局在を解析する際に非常に有効な技術である．この方法は，ビオチン化酵素を2つの非活性の断片に分割し，異なるタンパク質にそれぞれ結合させることで機能する．これらの断片は単独では機能しないが，結合したタンパク質が細胞内で物理的に接近すると活性化され，結果としてビオチン標識が可能となる．Split-BioID法には通常のBioID法に比べて大きく3つの利点がある．① インタラクトーム解析の選択性と特異性が高いこと，② 一過的または低親和性のインタラクトーム解析が可能であること，③ オルガネラ間や異種細胞間の空間的分子解析が可能であることである．実際にビオチン化酵素の非特異的なバックグラウンドが低減し，得られるデータの信頼性が高いため，実験をくり返しても一貫した結果が期待できる．さらに，特定の生物学的課題に応じて異なるタンパク質ペアに適した断片の組合わせを用いることができるため，さまざまなタンパク質相互作用の研究に広く用いられている．特に，光を用いた活性誘導や新たな可視化技術の開発は，時空間解像度を高めることで，これまでにない精度で生物学的現象を捉えることを可能にしており，今後の研究における応用範囲の拡大が期待されている．

◆ 文献

1) De Munter S, et al : FEBS Lett, 591 : 415-424, doi:10.1002/1873-3468.12548（2017）
2) Schopp IM, et al : Nat Commun, 8 : 15690, doi:10.1038/ncomms15690（2017）
3) Kwak C, et al : Proc Natl Acad Sci U S A, 117 : 12109-12120, doi:10.1073/pnas.1916584117（2020）
4) Cho KF, et al : Proc Natl Acad Sci U S A, 117 : 12143-12154, doi:10.1073/pnas.1919528117（2020）
5) Schaack GA, et al : Curr Protoc, 3 : e702, doi:10.1002/cpz1.702（2023）
6) Duckworth BP, et al : Chem Biol, 18 : 1432-1441, doi:10.1016/j.chembiol.2011.08.013（2011）
7) Rivera VM, et al : Nat Med, 2 : 1028-1032, doi:10.1038/nm0996-1028（1996）
8) Xue M, et al : Sci Rep, 7 : 12039, doi:10.1038/s41598-017-12365-9（2017）
9) Kannangara AR, et al : EMBO Rep, 22 : e51136, doi:10.15252/embr.202051136（2021）
10) Han Y, et al : ACS Chem Biol, 14 : 2942, doi:10.1021/acschembio.9b00798（2019）
11) Fujimoto S, et al : Contact (Thousand Oaks), 6 : 25152564231153621, doi:10.1177/25152564231153621（2023）
12) Chen R, et al : Front Cell Neurosci, 16 : 801644, doi:10.3389/fncel.2022.801644（2022）
13) Shafraz O, et al : J Cell Sci, 136 : jcs261430, doi:10.1242/jcs.261430（2023）
14) Martell JD, et al : Nat Biotechnol, 34 : 774-780, doi:10.1038/nbt.3563（2016）
15) Takano T, et al : Nature, 588 : 296-302, doi:10.1038/s41586-020-2926-0（2020）

応用編

BioID法に用いる酵素の構造的特徴

寺脇慎一

近接依存性ビオチン化酵素TurboIDおよびAirIDは，複合体を形成して近接するタンパク質を網羅的にビオチン標識して細胞内のタンパク質間相互作用解析を可能とするBioID法の基盤となる酵素である．本稿では，モデル酵素である大腸菌ビオチンリガーゼ，BirAの立体構造と分子機能を紹介し，AirIDおよびTurboIDのAlphafold2の予測構造との比較からBioID法の改良に向けた近接依存性ビオチン化酵素の分子設計の課題と可能性を検証する．

はじめに

BioID法に用いられている近接依存性ビオチン化酵素AirIDおよびTurboIDは，大腸菌のビオチンリガーゼであるBirAの分子構造に基づいた改変体であり，BirAの分子機能を変換することで近接したタンパク質のビオチン標識を可能としている[1)2)]．BirAをはじめとするビオチンリガーゼは，脂肪酸やアミノ酸，糖の代謝などにおける炭素固定反応で機能するビオチンカルボキシラーゼのサブユニットbiotin carboxyl carrier protein（BCCP）の特定のリジン残基をビオチン化することで，ビオチンカルボキシラーゼの酵素反応に重要な役割を担う．そのため古細菌等の微生物から動植物に至る多様な生物種に保存された酵素である[3)]．ビオチンリガーゼによるBCCPリジン残基のビオチン修飾は，タンパク質-タンパク質間相互作用を介した反応であり，つまり特定のタンパク質に対してのみ生じる修飾反応である．一方で，AirIDおよびTurboIDは，ATPによるビオチンのアデニル酸化で生じた中間体biotinyl-5′-AMPを活性部位に保持することができずに放出する．その結果，酵素から遊離したbiotinyl-5′-AMPは，10～20 nm程度の範囲まで拡散し近接するタンパク質のリジン残基をいわば無差別にビオチン修飾するようになる（図1A）[1)2)]．しかしながら，これらの近接依存性ビオチン化酵素が，BirAと同様にbiotinyl-5′-AMPを生成しつつも，活性部位から効率的に放出する分子機構は解明されていない．本稿では，BirAの立体構造を基準モデルとして，Alphafold2を用いて予測したAirIDとTurboIDの立体構造と比較し，近接依存性ビオチン化酵素としての分子機能がどのような立体構造の特徴から発揮されるのかを検証して解説する．

ビオチンリガーゼの立体構造と分子機能

ビオチンリガーゼは，分子内のドメイン構成によって3つのクラスに分類される（図1B）[4)]．標的タンパク質のリジン残基へのビオチン化反応を担う触媒ドメインと，機能的な役割が不明ではあるが酵素活性に必須なC末端ドメインは，すべてのクラスに共通する[5)]．一

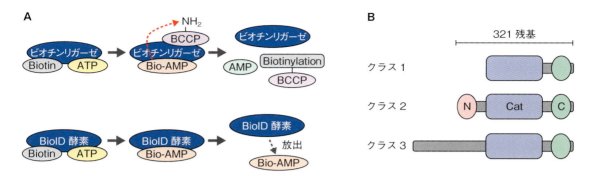

図1 ビオチンリガーゼの分子構造と機能

A）ビオチンリガーゼはビオチンとATPを結合し，biotinyl-5′-AMP（Bio-AMP）を生成する．生成したBio-AMPはBCCPのリジン残基への特異的なビオチン修飾にかかわる．一方，近接依存性ビオチン化酵素は生成したBio-AMPを活性中心から放出する．B）ビオチンリガーゼの3つのクラスのドメイン構成．N：N末端ドメイン，Cat：触媒ドメイン，C：C末端ドメインをそれぞれ示す．

方で，N末端ドメインの有無はクラスごとに異なり，クラス1型は触媒ドメインのN末端側に構造ドメインを持たないが，クラス2型はwinged helix-turn-helix DNA結合ドメインを含みビオチン生合成オペロンを制御するリプレッサーとして機能する[6]．この2つのクラスのビオチンリガーゼは古細菌等の原核生物や植物に広く見られる．また，クラス3型は，ヒトや酵母など真核生物がもつビオチンリガーゼであり，DNA結合性がないN末端領域が存在し，酵素活性の制御に関与することが報告されている[7)8]．

近接依存性ビオチン化酵素のモデルとなる大腸菌BirAは，クラス2型ビオチンリガーゼのドメイン構成からなる．X線結晶解析によって，リガンドを含まないアポ型とビオチンやbiotinyl-5′-AMPの類似化合物biotinol-5′-AMPとのリガンド結合型についての立体構造解析がおこなわれており，Protein Data Bank（PDB）には5件の立体構造情報が登録されている[9)~12)]．MatthewsらによるBirAアポ型（PDB ID：1BIA）のX線結晶解析から，N末端ドメインはアミノ酸配列から予測されるようにhelix-turn-helixモチーフを含むDNA結合ドメインの特徴と一致することが確認された[9]．中央の触媒ドメインは，7つのβストランドからなるβシートと5つのαヘリックスで構成される特徴的な球状ドメインであり，βシートの周囲にαヘリックスが配置されることで球状構造が形成される．また，C末端ドメインは，6つのβストランドからなるβバレルフォールド構造であり，触媒ドメインとの間で深い窪みを形成することで，ATPによるビオチンのアデニル酸化反応が生じる活性部位の近傍に配置される（図2A）．

BirAの中間体生成と近接依存性ビオチン化酵素への機能変換

BirAの触媒ドメインにおいて，グリシンに富むβ4－β5ループ領域（ビオチン結合ループ）とβ9－αGループ領域（ATP結合ループ）は，リガンドが結合していない状態では特定のコンフォメーションをとらないと考えられる[9]．しかし，ビオチン結合型（PDB ID：1BIB，1HXD）とbiotinol-5′-AMP結合型（PDB ID：2EWN，4WF2）のX線結晶解析において，これらのループ領域はコンフォメーションが安定化し，βシート構造に覆い被さるように位置してビオチンとATPのそれぞれのリガンド結合ポケットを形成する誘導適

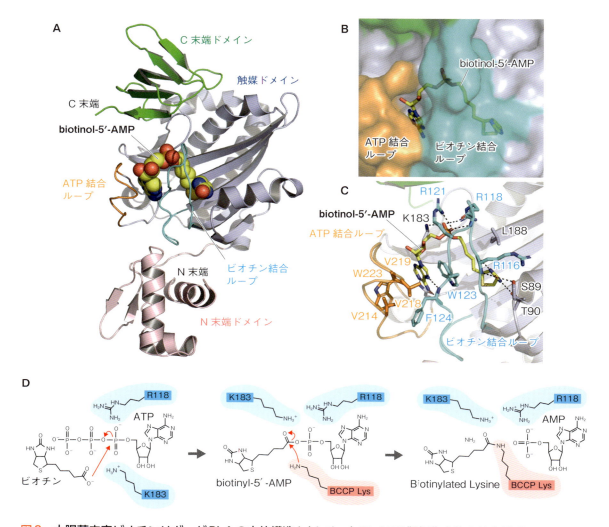

図2 大腸菌由来ビオチンリガーゼBirAの立体構造とbiotinol-5′-AMP擬似化合物の結合様式
A) BirAとbiotinol-5′-AMPとの複合体の立体構造.BirAは,N末端ドメイン(桃色),触媒ドメイン(青色),C末端ドメイン(緑色)の3つのドメインをもつ.触媒ドメインは,ビオチン結合ループ(水色)とATP結合ループ(橙色)を含む.biotinol-5′-AMPを空間充填モデルで示した.B) BirAのリガンド結合部位の分子表面表示.biotinol-5′-AMPはビオチン結合部位(水色)とATP結合ループ(橙色)によって挟み込まれた触媒ドメインの内部にあるポケットに結合する.C) biotinol-5′-AMPの結合様式.biotinol-5′-AMPの結合にかかわるアミノ酸残基をスティックモデルで示した.静電相互作用が黒色点線で示されている.D) ビオチンリガーゼの活性部位におけるbiotinyl-5′-AMPの生成反応と関与残基.ビオチンのATPによるアデニル酸化からbiotinyl-5′-AMPが生成し,BCCPのリジン残基のビオチン修飾が生じる.2つの塩基性残基R118とK183が酵素反応に重要な役割を果たす.

合*が確認されている(図2B, C)[9)〜12)].BirAのリガンド結合に伴うループ領域の誘導適合は,biotinyl-5′-AMPを生成して活性部位に保持し安定化するために必要であり,その後に続くBCCPのリジン残基へのビオチン修飾の特異性を発揮するために重要な役割を

※ **誘導適合**
酵素の活性部位に基質が結合すると,活性部位などの立体構造が変化して酵素-基質間の結合がより緊密になること.

担う．これらの立体構造に基づいたBirAのbiotinyl-5′-AMPの生成と活性中心における安定化の分子機構が近接依存性ビオチン化酵素の開発に活用されている．

BirAは，ビオチン結合に伴いビオチン結合ループを安定化してATPに対する結合ポケットを形成し安定的な結合が可能となる．2つのリガンド結合に続いて，ビオチンのカルボキシ基がATPのα位リン酸基に対して求核攻撃することでbiotinyl-5′-AMPが生成され，活性部位に保持されたまま安定化する（図2C，D）．biotinyl-5′-AMPの活性部位における安定化には，ビオチン結合ループに含まれるR118との静電相互作用の関与が見出されており，グリシンに置換したR118G変異体（BirA[R118G]）はビオチンおよびbiotinyl-5′-AMPとの結合力が野生型と比較して100倍と400倍にそれぞれ低下する[11) 13)]．Cronanらは，R118G変異体のbiotinyl-5′-AMPに対する親和性の低下に注目し，biotinyl-5′-AMPが生成された後に活性部位から漏れ出すのであれば，近接した不特定のタンパク質に対するリジン残基のビオチン修飾が可能なのではないか，つまり，近接依存性ビオチン標識ツールができるのではないかとして検証をおこなっている[14)]．実際にR118G変異体は，溶液中で自由拡散しているタンパク質よりも分子間相互作用によって複合体を形成した近接するタンパク質に対して，より効率的にビオチン標識する近接依存性を示す．以上の知見は，ビオチンリガーゼのビオチン結合ループのbiotinyl-5′-AMPとの分子間相互作用に関与するアミノ酸残基の置換が，近接依存性ビオチン標識に必須なbiotinyl-5′-AMPの放出を促す分子機能の付与に利用できることを示している．

これに関連して，次項で述べる高活性型に改良された近接依存性ビオチン化酵素TurboIDの設計では，初期段階でBirAのR118をセリン残基（BirA[R118S]）に置換した場合，BirA[R118G]と比較して近接依存性ビオチン化の標識効率はおよそ2倍向上することが見出されている[15)]．R118S変異は，R118G変異と比較するとbiotinyl-5′-AMPの生成と放出を効率化すると考えられるが，そのしくみの検証はおこなわれていない．今後，R118S変異を有する近接依存性ビオチン化酵素の

リガンド結合型の立体構造解析や分子間相互作用解析によるリガンド結合親和性の比較などから，R118S変異による近接依存性ビオチン化効率を向上するしくみが明らかにできると期待される．

近接依存性ビオチン化酵素AirIDとTurboIDの構造機能相関

AirIDとTurboIDは，ともにBirAの分子構造に基づいて生み出された近接依存性ビオチン化酵素であり，共に前項で紹介したBirA[R118G]の近接依存性ビオチン化効率の改良を目的として開発されたものであるが，その設計手法は全く異なる．TurboIDは，BirA[R118S]に対してPCRによるランダムな変異導入をおこない，酵母細胞表面ディスプレイ法によりストレプトアビジンへの結合力が高い酵素の選抜から得られており，高いビオチン化活性を有するものの，TurboID自体の自己ビオチン化や相互作用しない溶液中のタンパク質への非特異的なビオチン化活性も高い[15)]．一方，AirIDは，進化工学的手法による予測プログラムを用いてBirAを基質特異性の低い祖先型へと改変して得られたものであり，さらに，ビオチン結合ループのR118S変異を導入することによって高い近接依存性ビオチン化活性を示す[16)]．AirIDとTurboIDは近接依存性ビオチン化活性の特徴が異なるものの，BirA[R118G]と比較するとビオチン標識の効率は向上している．両者のビオチン化活性の向上は，ビオチン結合ループR118変異の効果に加えて，分子内に導入された複数のアミノ酸残基の置換によってもたらされているものと考えられるが，AirIDとTurboIDの間に置換残基の共通性はみられないため，ビオチン標識を効率化する分子設計の指標は理解されていない．ここでは，AirIDとTurboIDの立体構造をAlphafold2で予測し，BirAと比較することによって近接依存性ビオチン化酵素の設計指標について考察する．

AirIDとTurboIDの立体構造をAlphafold2で予測するとX線結晶解析で決定されたBirAの立体構造と高

137

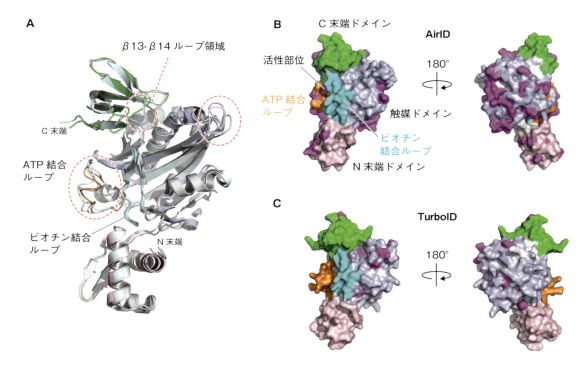

図3　BirAと近接依存性ビオチン化酵素AirIDおよびTurboIDとの立体構造比較
A）BirAのbiotinol-5′-AMP結合型構造と構造予測したAirID（白色）およびTurboID（水色）の主鎖の重ね合わせ．異なる主鎖構造が観察された領域を赤丸点線で示す．3つの領域で近接依存性ビオチン化酵素の構造的特徴が観察される．B）C）AirIDおよびTurboIDのBirAから置換されたアミノ酸残基の立体構造へのマッピング表示．それぞれ分子表面を表示し，置換残基の位置は紫色で示した．AirIDは，ATP結合部位にも置換残基があるが，TurboIDには存在しない．両者ともに触媒ドメインの活性中心から離れた背面側に置換残基が観察される．

い類似性をもつ立体構造として予測される（図3A）．N末端ドメインは，リガンド結合に伴って触媒ドメインに対する相対的な配置が変化する特性をもつが，AirIDとTurboIDのAlphafold2モデルは，ともにBirAのbiotinol-5′-AMP結合型のドメイン配置に類似しており，アポ型およびビオチン結合型とは異なる[9)11)]．また，予測構造中では，BirAアポ型でディスオーダー領域として観察されている触媒ドメインのビオチンとATPに対する結合ループもコンフォメーションが予測された．AirIDのATP結合ループは，特徴的なコンフォメーションを形成している．一方，近接依存性ビオチン化活性型への変換に寄与する置換残基R118が位置するビオチン結合ループは，ビオチン結合型およびbiotinol-5′-AMP結合型と同じコンフォメーションを

とっており，R118への変異導入によって異なったコンフォメーションとなる可能性は低いと考えられる．また，C末端ドメインにおいてもコンフォメーションの相違部位があり，活性部位の近傍に位置するβ13-β14ループ領域はより反応中心へ突き出すような状態で配置されている．

次に，BirAの立体構造比較から観察されるAirIDとTurboIDの予測構造の特徴と近接依存性ビオチン化活性との機能的な関連について検証する．TurboIDは，R118S変異に加えて12個のアミノ酸置換と1残基の欠失が生じているが，そのほとんどは触媒ドメインに集中している（図3C，図4A）．しかし，活性中心を担うアミノ酸残基の置換は生じておらず，二量体形成にかかわるβシート末端のループ領域や活性中心の裏側

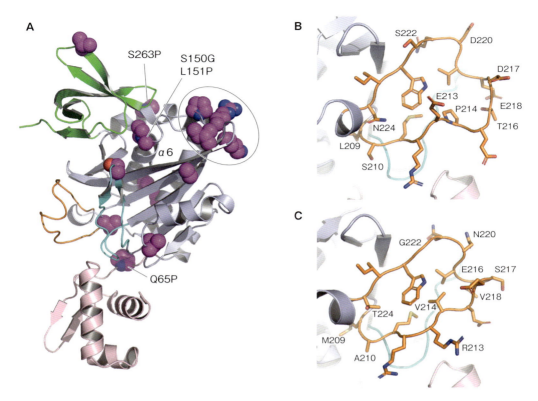

図4　近接依存性ビオチン化酵素にみられる立体構造の特徴

A） TurboIDに導入されているアミノ酸残基の置換．TurboIDで置換されているアミノ酸残基側鎖を空間充填モデルで示した．そのうち，プロリンまたはグリシンへの置換残基を破線で示している．黒丸破線で示した置換部位は，BirAの二量体形成にかかわる領域であり，TurboIDでは，BirAがもつ二量体形成が抑制される可能性を示している．**B）C）** AirIDとBirA（biotinol-5′-AMP結合型）におけるATP結合ループのコンフォメーション．AirIDのATP結合ループは，9個のアミノ酸置換が生じている．予測構造を用いた比較においてもBirAとは異なるコンフォメーションをとる可能性が示されている．

に位置するαヘリックスに点在している．興味深いことに，TurboIDにはプロリンやグリシンなどのポリペプチド鎖のコンフォメーションを変化させるアミノ酸への置換（Q65P, S150G, L151P, S263P）が含まれており，これらの置換はαヘリックスやβシートの末端部に位置していることが特徴としてあげられる．プロリン／グリシン置換によってαヘリックス構造の不安定化による触媒ドメイン自体の柔軟性の獲得が，TurboIDの高いビオチン化活性に重要であるかは明確な根拠はないが，好冷性酵素がプロリンを多く配置してαヘリックス等の二次構造を不安定化することで，

分子構造の柔軟性を獲得し，低温下での効率的な酵素活性を発揮できるしくみとの類似性を指摘したい[17]．TurboIDの立体構造の柔軟性とビオチン化活性との構造機能相関の解析は，近接依存性ビオチン化酵素の設計指標を得るうえでの重要な視点となりえると考えられる．

一方，AirIDは，TurboIDと比較してアミノ酸残基の置換がより多く生じているが，プロリン／グリシン置換は含まれない（図3B）．したがって，AirIDが近接依存性ビオチン化活性を獲得するしくみはTurboIDとは異なると考えられる．AirIDは，ATP結合ループ

139

に10カ所のアミノ酸残基置換が生じる点に特徴があり，予測構造においても独自のループ構造をとっていることから，ATPとの相互作用がBirAから変化しているのかもしれない（図3A）．BirAのATP結合型の立体構造解析はおこなわれていないが，biotinol-5′-AMP結合型ではATP結合ループが3つの疎水性アミノ酸残基（V214，V218，V219）を通じてプリン環と相互作用することで，biotinol-5′-AMPを活性中心に保持する蓋として機能することが報告されている[11]．AirIDのATP結合ループは，BirAにみられる疎水性残基V214とV218の2つがプロリンとグルタミン酸に置換されており，biotinyl-5′-AMPに対する親和性が弱まるため活性部位にbiotinyl-5′-AMPを安定的に保持できず放出してしまうのかもしれない（図4B，C）．この仮説を検証するためには，AirIDのATP結合型のX線結晶解析と結合親和性の分析によって，AirIDによるATP結合の特徴を明らかにする必要があると考えられる．

おわりに

　本稿では，ビオチンリガーゼであるBirAのbiotinyl-5′-AMPを生成する分子機能と近接依存性ビオチン化酵素の特徴であるbiotinyl-5′-AMPの活性部位からの放出を可能にする改変について解説してきた．これまでに述べたように，AirIDやTurboIDが活性の高い近接依存性ビオチン化酵素として機能できる詳細なしくみは明らかではないが，置換されるアミノ酸残基の役割を詳細に解析することで，BioID法の課題である空間分解能の調節や標識時間の短縮などに対応可能な酵素の開発が可能となるかもしれない．X線結晶解析による基質結合型の立体構造解析やタンパク質構造の安定性などの物性改変と近接依存性ビオチン化活性との相関解析などの進展から新規な近接依存性ビオチン化酵素の開発につながることを期待したい．

◆ 文献

1）Cronan JE：Proteins, 92：435-448, doi:10.1002/prot.26642（2024）
2）Samavarchi-Tehrani P, et al：Mol Cell Proteomics, 19：757-773, doi:10.1074/mcp.R120.001941（2020）
3）Chapman-Smith A & Cronan JE Jr：J Nutr, 129：477S-484S, doi:10.1093/jn/129.2.477S（1999）
4）Beckett D：Biochem Soc Trans, 46：1577-1591, doi:10.1042/BST20180425（2018）
5）Chapman-Smith A, et al：Protein Sci, 10：2608-2617, doi:10.1110/ps.22401（2001）
6）Xu Y & Beckett D：Biochemistry, 35：1783-1792, doi:10.1021/bi952269e（1996）
7）Polyak SW, et al：J Biol Chem, 274：32847-32854, doi:10.1074/jbc.274.46.32847（1999）
8）Ingaramo M & Beckett D：J Biol Chem, 284：30862-30870, doi:10.1074/jbc.M109.046201（2009）
9）Wilson KP, et al：Proc Natl Acad Sci U S A, 89：9257-9261, doi:10.1073/pnas.89.19.9257（1992）
10）Weaver LH, et al：Proc Natl Acad Sci U S A, 98：6045-6050, doi:10.1073/pnas.111128198（2001）
11）Wood ZA, et al：J Mol Biol, 357：509-523, doi:10.1016/j.jmb.2005.12.066（2006）
12）Eginton C, et al：J Mol Biol, 427：1695-1704, doi:10.1016/j.jmb.2015.02.021（2015）
13）Kwon K & Beckett D：Protein Sci, 9：1530-1539, doi:10.1110/ps.9.8.1530（2000）
14）Choi-Rhee E, et al：Protein Sci, 13：3043-3050, doi:10.1110/ps.04911804（2004）
15）Branon TC, et al：Nat Biotechnol, 36：880-887, doi:10.1038/nbt.4201（2018）
16）Kido K, et al：Elife, 9：e54983, doi:10.7554/eLife.54983（2020）
17）Siddiqui KS & Cavicchioli R：Annu Rev Biochem, 75：403-433, doi:10.1146/annurev.biochem.75.103004.142723（2006）

応用編

Fab抗体を用いた膜タンパク質の細胞外相互作用解析

山田航大

FabID法は，生体内での膜タンパク質の細胞外相互作用を解析するために筆者らが開発した新技術である．この方法では，細胞外認識抗体と近接依存性ビオチン化酵素を融合して，生きた細胞膜上での膜タンパク質のタンパク質-タンパク質相互作用（PPI）を検出する．FabID法は，細胞毒性のない条件下で長時間の標識が可能であり，リガンドや薬剤が結合したことによる相互作用の変化を効果的に解析することができる．この技術は，膜タンパク質の相互作用解析において有用であり，これにより新たな膜タンパク質相互作用の発見が期待される．

はじめに

生体内のタンパク質が互いに結合するPPIによって細胞内や細胞間で情報が伝達され，生体システムの恒常性が保たれている．特に，細胞表面に局在する膜タンパク質は，細胞外シグナルの受容体や細胞間の接着分子として，非常に重要な役割を果たしている．実際，既存薬の約60％が膜タンパク質を標的としている．つまり，膜タンパク質のPPI，特に細胞外領域PPI※（exPPI）の解析は，細胞シグナル受容の基礎研究だけでなく，病因解明や新規薬剤開発においても非常に重要であると考えられている．しかし，現在広く用いられている共免疫沈降法では，細胞膜の溶解を必要とするためPPIが解離するなどexPPI解析は難しく，細胞表面上の相互作用を網羅的に解析することは不可能である．

原理編や実践編でも述べられているように，近接したタンパク質をビオチン標識し，質量分析により大規模にPPI解析を行える近接依存性ビオチン標識法が近年さかんに使用されている．さらに近接依存性ビオチン標識法を利用した膜タンパク質のexPPI解析手法も開発されるようになってきた．本稿では，膜タンパク質認識抗体のFab領域と近接依存性ビオチン化酵素（AirID）を組合わせた抗膜タンパク質抗体融合AirID技術（FabID）による生きた細胞膜上でのexPPI解析系を紹介する（図1）[1]．

※ **細胞外領域PPI（exPPI）**

細胞外領域PPIは英語でextracellular protein-protein interactionと言われるためその頭文字をとってexPPIと表される．膜タンパク質は，膜を貫通するドメインである膜貫通ドメインと細胞外に出ているドメインである細胞外ドメイン，細胞内に存在するドメインの細胞内ドメインから構成されている．そのうち細胞外ドメインのPPIを解析することは，細胞内ドメインのPPI解析よりも難しいことが知られている．その理由としては，細胞外ドメインのPPI解析ツール開発が細胞内ドメインのそれよりも圧倒的に遅れているためである．よってexPPI解析ツールの開発が必要とされている．

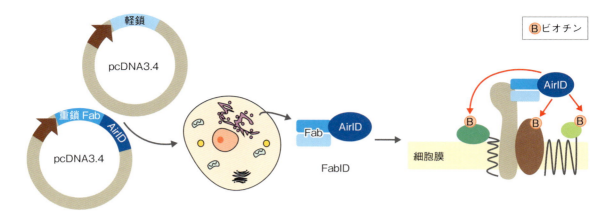

図1　FabIDの概念図
pcDNA3.4 重鎖Fab遺伝子-AirID-HisとpcDNA3.4軽鎖遺伝子をExpi293F細胞にトランスフェクションして，FabIDを産生する．産生したFabIDはHisタグ精製で精製後に直接細胞に添加することで抗原のexPPIを解析することができる（文献1より引用）．

FabID法を用いたexPPI解析

　リガンド結合や細胞間相互作用といった膜タンパク質の生物学的応答は，膜タンパク質の細胞外領域で起こる[2]．しかしながら，多くの膜タンパク質の細胞外ドメインは，局在化の制御領域やリガンド結合の応答領域として機能している．そのため膜タンパク質への検出可能なペプチドタグや挿入タンパク質融合は膜タンパク質の機能を阻害してしまう場合がある．そのためネイティブな形のタンパク質を用いてexPPIを解析することが最良の方法である．このことから，不自然な修飾が必要ない方法として抗体を使用したexPPI法がいくつか開発されている[3,4]．そのなかでも，筆者らが開発したFabID法は，細胞毒性のある化合物や操作が難しい光応答性化合物などを使用しない方法であるため，膜タンパク質のexPPIをすぐにはじめたい研究者の方におすすめの手法となっている．また，FabID法は細胞毒性のある化合物を使用しないため長時間の近接標識が可能であり，リガンドや薬剤が結合する前後の相互作用変化を解析することに成功している．

1. FabID法に使用する抗体の選択方法

　FabID法は抗体を使用するため，抗体の選択は非常に重要である．FabID法を使用するためには，確実に膜タンパク質の細胞外領域のみに結合する抗体（細胞外認識抗体）を選ぶ必要がある．筆者らは，細胞外認識抗体を効率的に取得するために標的膜タンパク質が発現する細胞を直接マウスに，免疫する手法を用いている．細胞外認識抗体の判別は，透過処理していない細胞を用いたフローサイトメトリーによる抗体の細胞への結合性を見ることで行っている．ここで得られた抗体の遺伝子のFab領域にAirIDを融合したプラスミドを作製することがFabID法を使用するはじめの作業となる．

2. FabID法に使用するプラスミドの作製

　　FabID法では，哺乳類培養細胞発現系を用いて抗膜タンパク質抗体融合AirIDの産生を行うため，使用するベクターは哺乳類発現用のベクターを使用する．筆者らは，pcDNA3.4ベクター（Thermo Fisher Scientific社）を使用している．これ以外にもpCAGGベクターなども使用可能である．pcDNA3.4ベクターにIn-Fusion反応を用いて抗体の重鎖遺伝子のFab部分（パパイン消化部分までの領域）に直接AirID配列を融合している．軽鎖遺伝子Fab領域も単体でpcDNA3.4ベクターにサブクローニングし，タンパク質発現用細胞であるExpi293F細胞にpcDNA3.4重鎖Fab-AirID遺伝子とpcDNA3.4軽鎖遺伝子を同時にトランスフェクションしている．細かいプロトコールに関しては**プロトコール**を参照いただきたい．

FabID法を用いた膜タンパク質ビオチン化

準備

必要なもの

- ☐ D-Biotin（ナカライテスク社，04822-91）
- ☐ pcDNA3.4（Thermo Fisher Scientific社）
- ☐ 目的遺伝子の細胞外領域を認識する抗体遺伝子
- ☐ Expi293 medium（Thermo Fisher Scientific社，A1435101）
- ☐ ExpiFectamine 293 Transfection Kit（Thermo Fisher Scientific社，A14524）
- ☐ Pierce High Capacity Ni-IMAC Resin, EDTA compatible（Thermo Fisher Scientific社，A50584）
- ☐ 125 mL細胞培養用フラスコ（Corning社，430421）
- ☐ 培養細胞培養用振盪機
- ☐ Opti-MEM（Thermo Fisher Scientific社，11058021）
- ☐ PBS
- ☐ イミダゾール（ナカライテスク社，19004-35）

調製試薬

- ☐ ビオチン化反応液（用時調製）
  625 μM D-Biotin，187.5 mM $MgCl_2$，62.5 mM ATP，125 mM HEPES
- ☐ Ni Sepharose wash buffer
  20 mM リン酸buffer溶液 pH 6.4，300 mM NaCl，10 mM イミダゾール
- ☐ His tag溶出buffer
  20 mM リン酸buffer溶液 pH 6.4，300 mM NaCl，500 mM イミダゾール

プロトコール

1. FabIDの産生・精製

Expi293F細胞を使用した，FabIDの産生方法と精製方法を以下で解説する．

❶ Expi293F細胞を2.0×10^6 cells/mLで30 mL調製して24時間培養する．

❷ 培養後，75×10^6 cells/フラスコでExpi293F細胞を播種して，25.5 mLにExpi293 mediumでメスアップする．

❸ pcDNA3.4重鎖Fab遺伝子-AirID-His[1]（重鎖Fab遺伝子のC末端にAirID-Hisを融合したプラスミド）とpcDNA3.4軽鎖遺伝子をそれぞれ15 μgずつチューブへ入れて，Opti-MEM 1,470 μLで希釈する．

> [1] 抗体遺伝子とAirIDはIn-Fusion法などを用いて哺乳類培養細胞発現用ベクターに挿入する．

❹ ExpiFectamine 293を80 μL，Opti-MEM 1,420 μLで希釈する．穏やかに混和して5分静置する．

❺ ❸と❹を穏やかに混和して，20～30分静置．

❻ 細胞に❺を添加して，16～18時間培養．

❼ ExpiFectamine 293 transfection enhancer1を150 μL，ExpiFectamine 293 transfection enhancer2を1.5 mL加えて，6～7日間培養する．

❽ 培養液を遠心分離によって回収する（3,000 rpm，10分）．

❾ 培養液を遠心分離して不溶性タンパク質を除去する（10,000 rpm，10分）．遠心後の培養液を回収して，Hisタグ精製を行う．

❿ Pierce High Capacity Ni-IMAC Resin, EDTA compatibleのレジンを400 μL遠心管に入れる．4,000 μLのNi Sepharose wash bufferで2回洗浄する．

⓫ 洗浄したレジンを培養液に入れて，4℃で3時間ローテーションする．

⓬ 遠心分離によってフロースルーを除去する（3,000 rpm，10分）．

⓭ Ni Sepharose wash buffer 10 mLで3回洗浄する．

⓮ レジンをHis tag溶出buffer 2 mLで回収して，4℃で30分ローテーションする．

⓯ 遠心分離によってHis tag溶出bufferを回収後，透析膜に入れて1 L PBSでオーバーナイト透析する．

⓰ オーバーナイト後，1 L PBSを入れ替えて再度透析を1時間×2回行う．

⓱ 回収した，FabID溶液のタンパク質濃度を測定する．

⓲ FabID溶液は，－80℃にて分注して保存．

応用編 3

2. FabIDを使用した膜タンパク質ビオチン化

❶ 解析したい標的が発現している培養細胞を10 cmディッシュに播種する[*2]．培養細胞がコンフルエントの状態になるまで培養する．

> *2　標的タンパク質の発現量が，ビオチン化効率に直結するため標的タンパク質が多く発現している細胞を選択する．

❷ 細胞がコンフルエントに達したら，培地を抜いて無血清培地4.2 mLに入れ替える．

❸ アッセイ当日に調製したビオチン化反応液を400 μL，−80℃で保存していたFabID溶液を解凍して500 ng/μLのFabID溶液を400 μL細胞に添加し，2時間培養する．

❹ 培養後，2.5 mL PBSで細胞を洗浄後にその後の実験に適したbufferで細胞を溶解して，ストレプトアビジンプルダウンアッセイや，フローサイトメトリー，LC-MS/MSによってビオチン化を解析する．

実験例

本稿で紹介したFabID法を用いて上皮がん細胞株A431と肺がん細胞株NCI-H226におけるEGFRと近接する分子を探索した実験例を紹介する．EGFRは肺がん等の多くのがん細胞で増殖に関与する重要なシグナル伝達タンパク質である[5]．EGFRは細胞外ドメイン，膜貫通ドメイン，細胞内ドメインからなり，C末端ドメインはチロシンキナーゼ活性をもっている．EGFやTGF-αなどのリガンドがEGFRに結合すると，EGFRの細胞外ドメインの構造が変化し，EGFRは他のEGFRとホモ二量体を形成するか，他のERBBファミリーとヘテロ二量体を形成する．この二量体化によって細胞内のチロシンキナーゼドメインが活性化され，C末端ドメインのチロシン残基がリン酸化され，シグナルが下流に伝達される[6]．さらに，EGFRは多くの膜タンパク質と相互作用することが知られている[7]．しかしながら，これらの相互作用がEGFRの細胞外領域で起こっているのか，細胞内領域で起こっているのかはしばしば不明であり続けていた．また，EGFRがEGF（リガンド）に結合した際やEGFRチロシンキナーゼ阻害剤（薬剤）が作用した際のEGFRのリガンド依存的および薬剤依存的なexPPI変化はこれまで全く観察されていなかった．そこで筆者らは，FabIDを用いた新規のEGFR細胞外ドメインPPI解析を行いリガンド結合やEGFRチロシンキナーゼ阻害剤が作用することによるEGFRのリガンド依存的および薬剤依存的なexPPI変化を観察した（図2）．

A431細胞およびNCI-H226細胞をリガンド添加およびEGFRチロシンキナーゼ阻害剤添加条件でFabIDによるビオチン化を行った後に，LC-MS/MSによってビオチン化タンパク質を解析した．得られたビオチン化タンパク質のビオチン化サイトをもとに，実践編−5で解説されている方法を使用して既存のデータベースなどから細胞外がビオチン化されていたタンパク質を同定したところA431細胞では44種類のタンパク質がEGFRのexPPIタンパク質として同定され，そのうち29種類がEGFRとの相互作用が未知である新規タンパク質であった（図3）．また，NCI-H226細胞も同様の解析を行って66種類のタンパク質がEGFRのexPPIタンパク質として同定され，そのうち50種類がEGFRとの相互作用が未知であるタンパク質であった．また

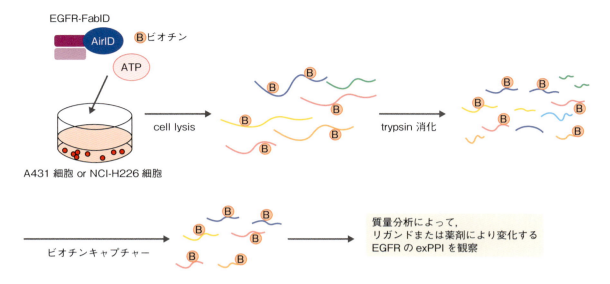

図2 A431細胞およびNCI-H226細胞にEGFR-FabID法を適用した際のMS解析法
EGFR-FabIDによってEGFR近接タンパク質をビオチン標識後，図の流れでビオチン化ペプチドを解析．リガンド，薬剤添加の有無によってビオチン化が変化したタンパク質を見出した．

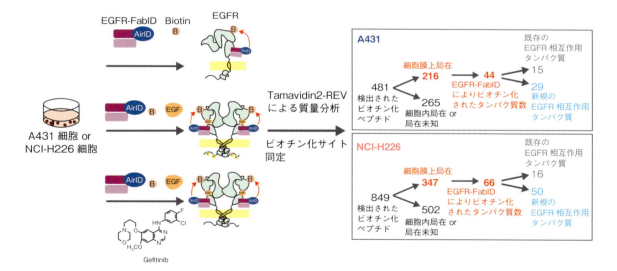

図3 A431細胞およびNCI-H226細胞におけるEGFR-FabIDを用いたEGFR近接タンパク質の解析結果
A431細胞とNCI-H226細胞をターゲットとしたPPI解析のワークフロー．ビオチン化ペプチドの質量分析結果から検出されたタンパク質のうちA431細胞では216ペプチド，NCI-H226細胞では347ペプチドが細胞表面ペプチド由来であった．A431細胞では，15分子がEGFRと相互作用することが知られており，29分子が新規の相互作用タンパク質であった．NCI-H226細胞では，16分子がEGFRと相互作用することが知られており，50分子が新規の相互作用タンパク質であった．

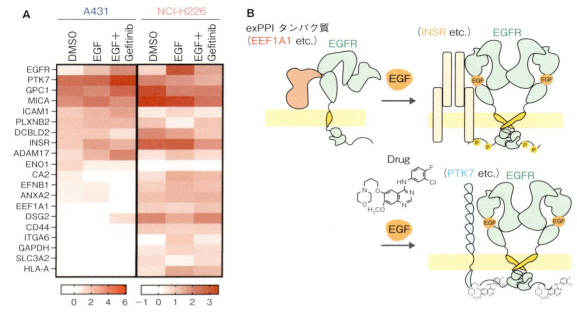

図4　EGFRにリガンドや阻害剤が結合することによる近接標識タンパク質の変化
A) DMSO（リガンドおよび薬剤添加なし），EGF（リガンド），EGF + Gefitinib（リガンド＋薬剤）処理区のビオチン化変化をあらわすヒートマップ図．**B)** EGFRのexPPI変化をあらわした図．上皮がん細胞の場合は，EGFが結合していないときはEGFRとEEF1A1は近接している．EGFが結合するとINSRとEGFRとの近接している度合いが上がり，そこに薬剤が結合するとPTK7とEGFRの近接している度合いが上がる．

同定されたタンパク質のexPPI変化を解析したところ，それらのビオチン化の度合いはEGFやEGFチロシンキナーゼが結合することによりダイナミックに変化していた（図4）．これらの実験から，FabIDを使用することによって膜タンパク質のリガンド・薬剤依存的なPPI変化を観察できることが示され今後の膜タンパク質機能解析に使用されることが期待される．

おわりに

今回，紹介したFabID法を使用することで膜タンパク質のPPIパートナーを見つけることが可能である．また標的膜タンパク質のexPPIパートナーがリガンドや薬剤依存的に変化していくこともFabID法によって解析することができる．現在，膜タンパク質のexPPI解析法としてはμMap法やEMARS法など画期的な手法が開発されている[3)8)]．μMap法は，光依存的に活性化するイリジウム触媒を抗体に融合した手法であり，EMARS法はHRP酵素を抗体に融合した手法である．これらの解析法に加えて今回紹介したFabID法があることを本稿で知っていただき，膜タンパク質のexPPI解析を行う際には，こんな方法があったなと思い出していただけると幸いである．現在，膜タンパク質のPPI解析手法開発は，世界中の研究者が精力的に研究を進めているため今後も膜タンパク質のexPPI解析手法は画期的な手法がどんどん生み出されて

いくことが期待される．このようななかで，FabID法と他の手法を組合わせて確度の高い膜タンパク質PPI解析が行われる未来を期待している．今回紹介したプロトコールがFabID法を使用していく助けになれば幸いである．

◆ 文献

1) Yamada K, et al：Nat Commun, 14：8301, doi:10.1038/s41467-023-43931-7（2023）
2) Bechtel TJ, et al：Nat Chem Biol, 17：641-652, doi:10.1038/s41589-021-00790-x（2021）
3) Geri JB, et al：Science, 367：1091-1097, doi:10.1126/science.aay4106（2020）
4) Bar DZ, et al：Nat Methods, 15：127-133, doi:10.1038/nmeth.4533（2018）
5) Talukdar S, et al：Adv Cancer Res, 147：161-188, doi:10.1016/bs.acr.2020.04.003（2020）
6) Freed DM, et al：Cell, 171：683-695.e18, doi:10.1016/j.cell.2017.09.017（2017）
7) Foerster S, et al：Proteomics, 13：3131-3144, doi:10.1002/pmic.201300154（2013）
8) Kotani N, et al：Proc Natl Acad Sci U S A, 105：7405-7409, doi:10.1073/pnas.0710346105（2008）

応用編 4

HRP標識抗体を用いた構造特異的膜タンパク質の解析

小川優樹

細胞内の特定の構造に局在するタンパク質を同定するにあたって近接依存性ビオチン標識法はきわめて有用である．ニューロンの軸索の付け根の部分は軸索起始部とよばれ，活動電位の発生に重要な働きをする．軸索起始部にはその他さまざまな機能が報告されているが，そこに局在するタンパク質は十分には同定されていない．われわれは抗体依存的近接依存性ビオチン標識法（HRP標識抗体）を用いることによって，軸索起始部に局在する膜タンパク質のプロテオミクス解析を行った．その結果，複数の新規軸索起始部特異的膜タンパク質を同定することに成功した．

はじめに

われわれの脳はニューロンを含む複数種の細胞による複雑なネットワークから構成されている．ニューロンは細胞体から複数の突起が伸びた構造をしており，一般にはそのうちの1本がシグナルの出力を担う軸索であり，残りはシグナルの受容を担う樹状突起である．特に軸索の付け根の部分の構造は「軸索起始部」として知られ，活動電位の発生において重要な役割を果たす[1]．軸索起始部の構造を図1に示すが，軸索構造の膜表面から深部に至るまで特徴的にタンパク質が限局することが知られている．活動電位の発生に必要なナトリウムチャネル，その裏打ちタンパク質であるAnkyrinG，骨格タンパク質であるβ4-Spectrin，微小管結合タンパク質であるTrim46やEBなど複数のタンパク質が存在する[2]．

われわれの研究室ではこの軸索起始部における複雑なタンパク質の相互作用を理解するために，プロテオミクス解析を用いた構成タンパク質の同定を試みてきた．特定の構造に局在するタンパク質を網羅的に解析する手法として，共免疫沈降法がある．この手法では，タンパク質間の相互作用を解析するために比較的マイルドな可溶化剤を用いて細胞を溶解する必要がある．しかし軸索起始部タンパク質は（なぜか）きわめて不溶性であり，溶解には強い可溶化剤が求められるため，この方向性での研究は困難であった．そこでわれわれは，近接依存性ビオチン標識法に着目した．この手法はタンパク質間の相互作用に依存することなく，標的とするタンパク質の近傍に局在するタンパク質を同定する手法である．例えばBioID法では，ビオチン化酵素であるBirA*を目的タンパク質と融合させた形で強制発現する．われわれの研究室では，既知の軸索起始部タンパク質（Neurofascin，Trim46，Ndel1）とBirA*の融合タンパク質を培養ニューロンに強制発現することで，新規の軸索起始部タンパク質を同定することに成功して

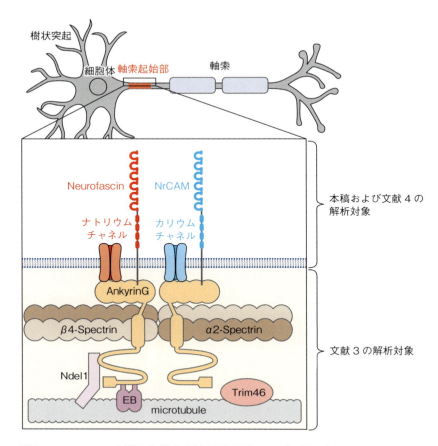

図1 ニューロンの構造と軸索起始部特異的タンパク質の例

いる[3]．一方で，この実験ではBirA*を軸索起始部タンパク質の細胞質ドメインに融合し発現させたため，同定されたタンパク質のほとんどが細胞質タンパク質であり，膜タンパク質の検出は限定的であった．そこで次なる試みとして，軸索起始部に局在する膜タンパク質の網羅的なプロテオミクス解析を行った[4]．ここでは，その手法として用いた抗体依存的近接依存性ビオチン標識法の概略と実際の実験結果について説明する．

抗体依存的近接依存性ビオチン標識法の概要

この総説で抗体依存的近接依存性ビオチン標識法とよぶ手法には，biotinylation by antibody recognition（BAR）[5] やselective proteomic proximity labeling assay using tyramide（SPPLAT）[6] が含まれる．これらの手法では，目的とする構造（軸索起始部など）に局在するタンパク質に対する特異的な一次抗体を用いて，HRP標識二次抗体をその構造に局在させる．次にビオチニルチラミドと過酸化水素の添加によりビオチンフェノキシラジカルを誘導し，HRP近傍のタンパク質をビオチン化する．その後細胞を溶解し，ストレプトアビジンビーズを用い

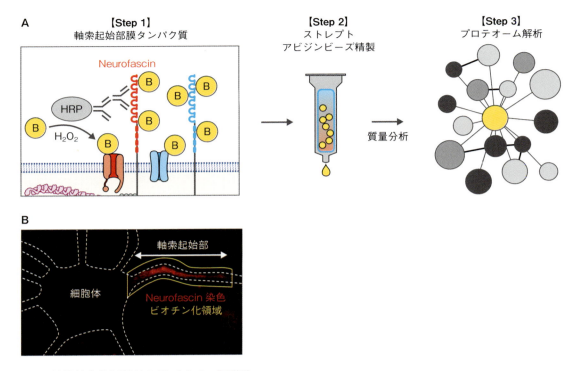

図2　抗体依存的近接依存性ビオチン標識法

A)【Step 1】 抗体依存的近接依存性ビオチン標識法によって，Neurofascin抗体の周辺に存在するタンパク質がビオチン化される．今回の条件では，軸索起始部の膜タンパク質の細胞外ドメインがビオチン化される．Ⓑ：ビオチン．**【Step 2】** ストレプトアビジンビーズ精製．ビオチン化されたタンパク質は，ストレプトアビジンビーズに対して高い親和性を示す．そのため，【Step 1】でビオチン化されたタンパク質を選択的に濃縮・精製することができる．**【Step 3】** 質量分析によって，【Step 2】で精製されたそれぞれのタンパク質を同定し解析する．**B)** Neurofascin抗体を用いた培養ニューロンの染色像．Neurofascinタンパク質は軸索起始部に限局しており，この領域の膜タンパク質がビオチン化される．

てビオチン化されたタンパク質を精製し，質量分析によって同定する（図2）．

プロトコール

以下は実験手順の概略である．より詳細なプロトコールは，われわれ[4]やBarら[5]，Reesら[6]の論文のmethodを参考にしていただきたい．

❶ **実験に用いる培養細胞を準備する**[*1]．

　＊1　原理的には組織切片に適応することも可能．

❷ **一次抗体を培地にて希釈し細胞に加える**[*2 *3 *4]．

　＊2　一次抗体を加えないサンプルを用意しコントロール群とする．
　＊3　本プロトコールでは非固定の生細胞を用いるため，膜タンパク質の細胞外ドメインに対する一次抗体を使用する必要がある．

151

     *4   固定後の細胞に対する細胞内ドメインに対する抗体の使用については，**利点と欠点**の項を参照．

❸ 37℃で1時間インキュベートする．

❹ 培養細胞を培地で洗浄する．

❺ 西洋ワサビペルオキシダーゼ（HRP）標識二次抗体（Aves Labs社，H-1004）を培地で希釈し細胞に加える．

❻ 37℃で1時間インキュベートする．

❼ 細胞をPBSで洗浄する．

❽ ビオチニルチラミド（PerkinElmer社，NEL749A001KT）を過酸化水素含有溶液で希釈し細胞に加える．

❾ 4℃で5分間インキュベートする[5][6]．

    *5   この段階でビオチンフェノキシラジカルが発生し，HRP近傍のタンパク質がビオチン化される．

    *6   反応時間は抗体に応じて変更する必要がある．バックグラウンドのビオチン化を最小限に抑えながら，目的の構造を十分にビオチン化できるように反応時間を調整する．われわれは異なる反応時間でビオチン化反応を行い，蛍光色素結合ストレプトアビジンを用いた染色によってビオチン化領域を可視化し最適な反応時間を決定した（文献4のFigure S1を参照）．

❿ 細胞をRIPAバッファー（50 mM Tris-HCl，150 mM NaCl，0.5％デオキシコール酸ナトリウム，0.1％ SDS，1％ NP-40）で溶解する．

⓫ 細胞溶解液にストレプトアビジン磁気セファロースビーズ（Cytiva社，28-9857-38）を加える．

⓬ 4℃で一晩インキュベートする．

⓭ セファロースビーズをRIPAバッファーで洗浄する．

⓮ セファロースビーズをトリプシンで処理する．

⓯ LC-MS/MSでタンパク質を同定する[7]．

    *7   質量分析は感度が高いため，染色の段階ではバックグラウンドレベルのシグナルだと思っていたような領域からもタンパク質が予想外に検出される可能性がある．

利点と欠点

　抗体依存的近接依存性ビオチン標識法の特徴は，ビオチン化反応の領域を規定するために抗体を用いる点であり，他の多くの手法のように過剰発現系やノックインなどを利用する必要がないことである．例えばBioID法では一般に，目的のタンパク質とBirA*との融合タンパク質を細胞に強制発現させる．この融合タンパク質を目的の構造に局在させるためにはさまざまな最適化を行う必要がある．例えば軸索起始部は軸索の付け根から $20 \sim 60\ \mu\mathrm{m}$ におよぶ比較的小さな構造である．既知の軸索起始部タンパク質とBirA*の融合タンパク質を強力なプロモー

応用編 *4*

表　抗体依存的近接依存性ビオチン標識法と BioID 法の比較

	抗体依存的 近接依存性ビオチン標識法 （HRP 標識抗体）	BioID 法
実験対象	培養細胞あるいは 組織切片	培養細胞，組織切片 あるいは生体内
ターゲット	内因性タンパク質	融合タンパク質の 強制発現
ビオチン化領域	抗体に依存	融合タンパク質に依存
ビオチン化半径	200 ～ 300 nm	10 nm
対象アミノ酸	チロシン残基	リジン残基
基質	ビオチニルチラミド H_2O_2	ビオチン

ターから過剰に発現させると，そのタンパク質は軸索起始部に留まらず，容易に細胞全体に拡散してしまう．さらにタンパク質はN末端やC末端に局在化モチーフをもつことがあり，融合タンパク質をデザインする過程でこれらの局在化機構が破壊されてしまう可能性がある．対照的に，抗体依存的近接依存性ビオチン標識法では内在性のタンパク質をターゲットにするため，このような融合タンパク質の設計や発現における問題を回避できる．目的のタンパク質に対する信頼性の高い抗体があれば，その抗体をビオチン化反応に用いればよい（表）．

　本研究では膜タンパク質に焦点を当てたため，抗体結合やビオチン化反応を含むすべての工程を非固定状態の生細胞に対して行った．抗体は通常生細胞の細胞膜を透過しないため，ビオチン化反応の対象を細胞表面のタンパク質に限局することに成功している．この手法では，抗体は膜タンパク質の細胞外ドメインをターゲットとするものに限られる．細胞内の構造を抗体でターゲットするには，PFA固定と透過処理を行うアプローチがあげられる．PFA固定された細胞ではタンパク質が互いに架橋されており質量分析による同定に適さないのだが，その後タンパク質を99℃で1時間インキュベートすることにより脱架橋することができる．実際にわれわれとの共同研究においてZhangらは，核タンパク質や微小管結合タンパク質をターゲットにした抗体依存的近接依存性ビオチン標識法に成功している[7]．

　近接依存性ビオチン標識法の一般的な特徴として，タンパク質間の直接的な相互作用に依存することなく，標的構造に局在するタンパク質を検出できる点があげられる．BirA*によるビオチン化反応の半径は10 nm程度であるのに対し，HRPによるビオチン化反応の半径は200～300 nmである．より多くの関連タンパク質を検出できる可能性がある一方，非特異的なタンパク質を検出してしまうリスクに注意が必要である．またHRP依存性のビオチン化反応は，主にタンパク質中のチロシン残基に起こる．したがって，タンパク質中に存在するチロシン残基の数によって結果に偏りが生じる可能性がある．実際に，われわれはタンパク質の細胞外ドメインのみをビオチン化の標的としたため，細胞外ドメインにチロシン残基が少ないタンパク質（ナトリウムチャネルなど）は予想よりも検出頻度が低かった（文献4のFigure 4を参照）．

　その他にも，例えばBioIDなどを用いた方法ではマウス脳などの大きな組織を丸ごとビオチン化の対象とすることができるが，HRPを用いた方法ではH_2O_2の浸透効率の点から大きな組

153

織はそのままでは対象にできない．このようなそれぞれの方法の比較については本書原理編-1
および優れたレビューがあるためそちらを参考にしていただきたい[8]．

実験例

　われわれの実験では，胎生18.5日目のラット胎仔の海馬から初代培養されたニューロンを用
意し，十分に成熟させた時点でビオチン化反応を行った．軸索起始部に局在する膜タンパク質
をビオチン化反応の標的にするために抗Neurofascin抗体を用いた．Neurofascinは軸索起始部
にほぼ特異的に局在することが知られている1回膜貫通型タンパク質である．われわれはこれ
までの研究から，Neurofascinの細胞外ドメインに対する抗体（R&D Systems社，AF3235）の
高い特異性を確認しておりこれを使用した．本稿のプロトコールにしたがって抗体依存的近接
依存性ビオチン標識法および質量分析を行った結果，多くの新規軸索起始部特異的な膜タンパ
ク質の候補が得られた．また得られた候補のなかには，これまでに報告されているほぼすべて
の軸索起始部特異的な膜タンパク質が含まれていた．さらに，ビオチン化反応の半径が十分に
広いことによって，検出の範囲は軸索起始部に集積される細胞外マトリクス構成タンパク質
（Tenascin-Rなど）にまで及んでいた．一方で，データセットには非特異的なターゲットも多
数検出されていたため，軸索起始部に局在する膜タンパク質を選別する必要があった．候補タ
ンパク質の局在は，各タンパク質に対する特異的抗体を用いた免疫染色法によって確認するこ
とができる．しかし，今回のような網羅的な質量分析によって得られたタンパク質では必ずし
もよい抗体が入手できるとは限らない．また特異的抗体による免疫染色は，反応条件や細胞種
の違いによって，非特異的なシグナルあるいは目的としないタンパク質に対する交差反応を示
すことがある[9]．このような問題を克服するために，われわれはノックインをベースとしたア
プローチにより解析を進めた．HiUGE法は，アデノ随伴ウイルス（AAV）ベクターとCRISPR/
Cas9を利用して標的遺伝子の切断を誘導し，相同性非依存的遺伝子組換えによってGFPなど
のタグをノックインする手法である[10]．一度実験のプラットフォームが確立されれば，一度に
10〜30個の標的タンパク質の局在解析が可能になる．また，1つの遺伝子に対して複数の異な
るgRNAを用いてノックインを行うことで，高い信頼性を得られる．このような解析により，
われわれはContactin-1を新規の軸索起始部特異的な膜タンパク質として同定することに成功
した[4]．

おわりに

　われわれの研究室では今回紹介した抗体依存的近接依存性ビオチン標識法に限らずBioID法
やTurboID法も行っているが，これらの網羅的なプロテオーム解析は常にバックグラウンドと
の戦いである．得られたペプチド数を計算し，実験群÷コントロール群の比率が極端に高い場
合は真のターゲットである可能性は高い．しかし，そのようなターゲットはすでに報告されて
いる場合も多い．この比率が有意に高いが値としてあまり高くない場合などはどのように判断
するべきだろうか？　筆者の経験としては，バイアスのかかりにくいスクリーニング系により対

象タンパク質をそれぞれ検討することでしか結論は得られないと思っている.

　ここでわれわれの教訓を共有させていただきたい. HiUGE法のようなスクリーニング系を確立する以前, われわれの行ったプロテオミクス解析の結果, 新規の軸索起始部タンパク質の候補を得たことがあった. 特異的抗体を購入し染色をしたところその染色シグナルは軸索起始部に集積していた. その後コンディショナルノックアウトマウスの購入などを進めた結果, ノックアウトマウスでもワイルドタイプと変わらない染色像が得られた. おかしいと思い抗体の特異性を確認したところ, この抗体は既知の軸索起始部タンパク質と交差反応を示すことが明らかになった. 数百万円の予算をかけた実験の結果は未公表のままである.

　質量分析によって何かしらの結果を得ること自体は簡単である. しかし正しいバリデーションを行い, そこから意味のある生命現象を発見するまでの道のりははるかに険しい. われわれの論文は日本語での総説[11]も書いたため, 皆様がわれわれのような経験をしないためにも参考にしていただければ幸いである.

◆ 文献

1) Rasband MN：Nat Rev Neurosci, 11：552-562, doi:10.1038/nrn2852（2010）
2) Leterrier C：J Neurosci, 38：2135-2145, doi:10.1523/JNEUROSCI.1922-17.2018（2018）
3) Hamdan H, et al：Nat Commun, 11：100, doi:10.1038/s41467-019-13658-5（2020）
4) Ogawa Y, et al：Nat Commun, 14：6797, doi:10.1038/s41467-023-42273-8（2023）
5) Bar DZ, et al：Nat Methods, 15：127-133, doi:10.1038/nmeth.4533（2018）
6) Rees JS, et al：Curr Protoc Protein Sci, 80：19.27.1-19.27.18, doi:10.1002/0471140864.ps1927s80（2015）
7) Zhang W, et al：Nat Commun, 14：8201, doi:10.1038/s41467-023-44015-2（2023）
8) Qin W, et al：Nat Methods, 18：133-143, doi:10.1038/s41592-020-01010-5（2021）
9) Ogawa Y & Rasband MN：J Cell Sci, 134：jcs256180, doi:10.1242/jcs.256180（2021）
10) Gao Y, et al：Neuron, 103：583-597.e8, doi:10.1016/j.neuron.2019.05.047（2019）
11) 小川優樹：日本神経化学会 webページ, 神経化学トピックス：44, doi:10.11481/topics206（2024）（https://www.neurochemistry.jp/topics/5007/）

応用編

BioID法で解き明かす生体脳の空間プロテオーム

伊藤有紀，髙野哲也

　私たちの脳は多種多様な細胞によって構成されており，これらが複雑に絡み合って機能している．脳の機能を深く理解し精神神経疾患の病態メカニズムを解明するためには，特定の種類の細胞間に的を絞り相互作用を理解することが重要である．最近ではBioID法が生体脳の研究に応用されており，ニューロンやグリア細胞の細胞接着部位などの特定の細胞種および細胞内領域を対象としたプロテオーム解析が可能となっている．このアプローチによって非常に高い空間解像度で細胞間相互作用や細胞内局所の分子ネットワークが次々と特定されており，神経科学分野において多くの新しい知見をもたらしている．本稿では，近年ますます注目を集めている生体脳を用いたBioID法に関する最新の研究動向を詳述する．

はじめに

　ヒトの脳は約860億個のニューロンとそれを上回る数のグリア細胞から構成されており，これらが形成する複雑な細胞間ネットワークが記憶，学習，感情といった高次の脳機能を制御している．実際にこれら細胞間ネットワークの機能障害は，自閉症スペクトラム症，統合失調症，アルツハイマー病など多くの発達障害や精神神経疾患に深く関連していることが示唆されている．また最近のシングルセルRNAシークエンス（scRNA-seq）をはじめとする網羅的遺伝子計測技術の進展により，ニューロンおよびグリア細胞が示す驚異的な多様性が明らかとなってきた．特にニューロン間の接着部位であるシナプスには，そのきわめて微小な構造にもかかわらず何千ものタンパク質が集結しており，その構成分子はニューロンの亜種により大きく異なる．これに起因する分子メカニズムの違いが，異なるニューロン種が示す多様な機能および細胞間相互作用を生み出している．さらに，近年ではアストロサイトを含むグリア細胞もシナプスの形成や機能を制御する分子メカニズムに深く関与していることが示唆されている．これらの知見からわかるように，脳機能の全容を理解するためには多様な細胞種間の相互作用を明らかにすることが必須であり，さらにそのためには各細胞種間の相互作用部位であるシナプスなどに的を絞って分子メカニズムを解明することが重要である．

　過去数十年にわたり多くの神経科学者が組織からシナプスを分離し，その構成分子の同定を試みてきた．シナプスの分子は，細胞分画，密度勾配遠心法（シナプトソームなど），免疫沈降法，アフィニティクロマトグラフィーなどの生化学的手法を用いて分離した後に，液体クロマトグラフィー-タンデム質量分析法（LC-MS/MS）を用いたプロテオーム測定により同定されてきた．このような手法により同定されたタンパク質には，現在ではシナプスの主要分子として知られるNMDA受容体，AMPA受容体，PSD-95，gephyrin, Neuroligin-2（Nlgn2），CaMKⅡ，SHANKs，低分子量Gタンパク質，SynGAPなどが含まれ，シナプス形成や機能の制御に重要な役割を果たすことが明らかにされてきた[1]．しかし従来の生化学的方法では，ニューロンやグリア細胞の亜種選択的にシナプスを単離することが困難であったために，得られる情報はさまざまな細胞種由来のシナプスタンパク質が平均化されたものであり，特定の細胞種間の相互作用部位における分子メカニズムの解明には至らなかった．この課題を克服するために，近年では，脳内に混在して配置された全細胞のなかから特定の細胞種間の相互作用部位（シナプスなど）を空間的に限定して標的とする手法として，BioID法が注目されている．本稿ではこれらBioID法を用いた生体組織の空間プロテオーム技術について解説し，脳機能を担う細胞種固有の分子メカニズムについても紹介する．

BioID法を応用した細胞種・細胞内局所選択的空間プロテオーム

近年では，BioID法は生体脳における細胞種選択的なプロテオーム解析に広く応用されている（図1）．この手法では，BirAやTurboID，APEX，HRPなどのビオチン化酵素を，アデノ随伴ウイルス（AAV）やトランスジェニックマウスを用いて特定の細胞種に遺伝子導入することにより，細胞種選択的にプロテオーム解析を行うことができる．例えば，CaMKⅡプロモーターとGFAPプロモーターを使用したAAVベクターを利用すると，それぞれグルタミン酸作動性ニューロンとアストロサイトにTurboIDを発現させることができる（図2）[2]．この方法を用いて，脳組織からグルタミン酸作動性ニューロンおよびアストロサイト由来の分子成分としておよそ10,000タンパク質が同定された[2]．また同時期に，グルタミン酸作動性ニューロン選択的TurboIDノックインマウス（$Rosa26^{TurboID/wt/CaMK2a}$）とアストロサイト選択的TurboIDノックイン

マウス（$Rosa26^{TurboID/wt/Aldh1l1}$）が樹立されている（図2）[3]．これらのトランスジェニックマウスを利用して，生体組織から2,000以上のタンパク質が同定され，そのうちの200以上のタンパク質がグルタミン酸作動性ニューロンとアストロサイトの間で異なることが報告された．興味深いことに，グルタミン酸作動性ニューロンではアストロサイトに比べて特にMAPキナーゼ（分裂促進因子活性化プロテインキナーゼ）シグナル伝達経路が亢進していることが示されている[3]．また，マウス由来のミクログリア細胞株を用いたプロテオーム解析も行われており，リポ多糖類（LPS：lipopolysaccharide）による炎症反応に応じて変化する細胞種選択的なタンパク質も同定されている[4]．

近年，BioID法は細胞種におけるプロテオーム解析だけではなく，生体脳の特定の種類のシナプスを標的にしたプロテオーム解析にも応用されている（図1）．この技術では，ビオチン化酵素が半径10～20 nm以内の分子のみ標識することを利用して，特定のシナプス種マーカーであるタンパク質（ベイトタンパク質）に融合することで選択的標識を行う．これにより，従来の細胞分画法では困難であった興奮性シナプスと抑制性シナプス由来のタンパク質を区別して解析することが可能となった．例えば，BirAを興奮性シナプスの足場タンパク質PSD-95および抑制性シナプスの足場タンパク質gephyrinに融合させ，これら2つの異なるタイプのシナプスのプロテオーム解析を行った研究では，121の興奮性シナプスタンパク質と181の抑制性シナプスタンパク質が同定された（図2）[5]．さらに，この研究で新たに同定された抑制性シナプスタンパク質InSyn1は，筋ジストロフィーの原因分子として有名なジストロフィン複合体と相互作用することで，抑制性シナプスの形成と機能に重要な役割を果たしていることが明らかになった[5]．このような特定のシナプス種を標的とした空間プロテオーム解析に加えて，BioID法はニューロンの樹状突起や軸索，細胞質，細胞膜，核といった細胞内の特定の局所領域におけるプロテオーム解析にも応用されている（図1）．樹状突起を対象としたプロテオーム解析にはRac-GAP（Wrp）-BirAお

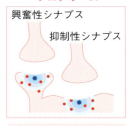

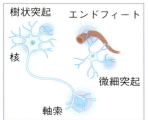
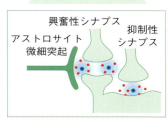

図1　BioID法を応用した生体脳のさまざまな空間プロテオーム
ビオチン化酵素（BirA，TurboID，APEX，HRPなど）を，アデノ随伴ウイルス（AAV）やトランスジェニックマウスを用いて細胞種選択的に発現させる技術が開発されている．この方法により，脳内の特定の細胞（ニューロン種，アストロサイト）やシナプス（興奮性シナプス，抑制性シナプス），細胞内領域（核，樹状突起，軸索，エンドフィート，微細突起），シナプス間隙に特有の分子ネットワークを調べることができる．

およびBioID2-synaptopodinが[6) 7)]，軸索のプロテオーム解析にはBioID2-Synapsinが使用される（図2）[8)]．これらの融合タンパク質を，$hSynI$プロモーターを使用したAAVベクターによりニューロンに発現させることで，ニューロンにおいて細胞内領域選択的に分子成分の同定がされている．このような方法は，脳内のアストロサイトの研究にも応用されている．例えば，特定の細胞内領域を標的とするBioIDを$GFAP$プロモーターを使用したAAVベクターによりアストロサイトへ導入した研究では，アストロサイトのエンドフィート（AQP4-BioID2）および微細突起（EZR-BioID2），細胞外グルタミン酸取り込み部位（GLT1-BioID2），細胞外カリウム恒常性維持部位（KIR4.1-BioID2），アストロサイト間の接着部位（CX43-BioID2）で大規模な分子ネットワークが同定された（図2）[9)]．この研究によって微細突起に特異的に存在するSAPAP3が強迫性障害（OCD）のくり返し行動に関与していることが明らかになり，この疾患の理解に新たな洞察をもたらし

応用編 5

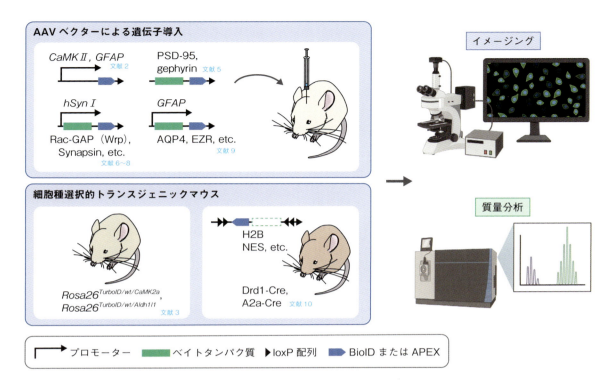

図2 アデノ随伴ウイルスおよびトランスジェニックマウスを活用した生体組織におけるBioID法の実験ワークフロー

アデノ随伴ウイルス（AAV）を用いた手法では，細胞種選択的な遺伝子発現プロモーターや細胞内の特定の領域に局在するタンパク質をビオチン化酵素（BirA，TurboID，APEXなど）に融合したベクターをマウス脳内に注入する．グルタミン酸作動性ニューロンには*CaMKⅡ*プロモーター，ニューロンには*hSynI*プロモーター，アストロサイトには*GFAP*プロモーターを使用する．ベイトタンパク質には，興奮性シナプスに局在するPSD-95，抑制性シナプスに局在するgephyrin，樹状突起に局在するRac-GAP（Wrp），軸索に局在するSynapsin，アストロサイトのエンドフィートに局在するAQP4，微細突起に局在するEZRなどを用いる．トランスジェニックマウスについては細胞種選択的にTurboIDを発現させるために，ニューロンには*Rosa26*$^{TurboID/wt/CaMK2a}$マウス，アストロサイトには*Rosa26*$^{TurboID/wt/Aldh1l1}$マウスをそれぞれ用いる．さらに，トランスジェニックマウスとAAVを組合わせた手法においては，D1型中型有棘ニューロン（Drd1-Creマウス）およびD2型中型有棘ニューロン（A2a-Creマウス）に選択的に作用するように設計されたAAVが注入される．このAAVは，Cre組換え酵素に依存してAPEXを発現するものである．結果として，それぞれのニューロンタイプにおいて選択的にAPEXが発現する．加えてベイトタンパク質としてH2B（核）やNES（細胞質）を用いると，APEXの細胞内局在も選択することができる．これらのAAVおよびトランスジェニックマウスによりビオチン標識したタンパク質をイメージングや質量分析により解析する．

た[9]．

また，APEXによる*ex vivo*での細胞種および細胞内領域選択的な空間プロテオーム解析も報告されている[10]．この研究では，AAVベクターとトランスジェニックマウスを組合わせることで，線条体においてAPEXをドーパミンD1受容体（D1型）またはドーパミンD2受容体（D2型）を有する中型有棘ニューロンに選択的に発現させ（Drd1-CreマウスおよびA2a-Creマウス），これらのニューロン由来の分子成分を同定した（図2）．さらに，D1型中型有棘ニューロンにおいて核（H2B-APEX2），細胞質（APEX2-NES），および細胞膜（Lck-APEX2）といった特定の細胞内領域を標的にした空間プロテオーム解析も行われた．その結果，線条体においてGタンパク質共役型受容体シグナ

159

リングに応答するタンパク質群をニューロン種および細胞内領域選択的に同定することに成功した[10]. 他の研究グループも, 中脳においてAPEXを利用したドーパミン作動性ニューロンのプロテオーム解析を報告している[11]. このように, BioID法は組織中の細胞タイプを選択的に識別し, 特定の細胞内領域を標的とする空間プロテオーム解析を可能にする強力な分子探索技術として利用されている.

シナプス間隙を標的とした空間プロテオーム解析

シナプス間隙はニューロン間の情報伝達の場であり, ここに存在するタンパク質は細胞間相互作用の実態であると言える. そして, これらタンパク質の多くは細胞膜表面で機能する. またシナプス間隙の多くの細胞膜タンパク質は, 神経科学分野において認知症や精神神経疾患に対する薬物や神経毒性物質の相互作用分子としても注目されている. したがってシナプス間隙の細胞膜タンパク質の分子メカニズムを解明することは, 神経伝達の基本的なメカニズムを理解するだけでなく, 新しい薬剤の開発や毒性評価においてもたいへん有益である. しかし従来の生化学的手法では, 細胞膜タンパク質を精製する過程で界面活性剤による細胞膜の可溶化が必要であったために, プロテオーム解析に十分な量のタンパク質を分離することは非常に困難とされていた. このような背景のなか, BioID法は可溶化前に細胞膜タンパク質をビオチン標識することが可能であるため, 十分な量のタンパク質を得ることができ, 細胞膜表面およびシナプス間隙のタンパク質解析にも有効な方法として応用されている (図1). 例えば, 既知のシナプス間隙分子Lrrtm1, Lrrtm2, Slitrk3, Nlgn2などにHRPを融合させプロテオーム解析を行った研究では, 培養神経細胞の興奮性シナプス間隙から199, および抑制性シナプス間隙から42のタンパク質を同定している[12]. さらにこの研究で抑制性シナプス間隙の新しい分子として同定されたMdga2は, 細胞接着分子Nlgn2をシナプス後部にリクルートすることで, 抑制性シナプスの形成を制御していることが示された[12]. また, 興奮性シナプスの細胞接着分子SynCAM1に融合したHRPを用いたプロテオーム解析も行われており, 興奮性シナプス間隙の新たなタンパク質として受容体型チロシンホスファターゼR-PTPζが同定された[13]. またショウジョウバエを用いた研究では, 細胞接着分子CD2の細胞外領域に融合したHRP (HRP-CD2) をニューロンに選択的に発現させることで, 嗅覚投射ニューロンの細胞膜表面タンパク質の網羅的な同定に成功している[14]. 一方で, これらのHRPの反応には細胞毒性を有する過酸化水素 (H_2O_2) が必要であるために, 生体組織を用いたプロテオーム解析にはまだ課題が残されている.

近年, 細胞膜表面や細胞間隙に存在するタンパク質を, 生体組織内において特定の細胞種選択的に標識し同定するための2つの新しい技術として, TurboID-surfaceとSplit-TurboID法が開発された (図3)[15) 16)]. TurboID-surfaceは, TurboIDにglycosylphosphatidylinositol (GPI) アンカーを結合させたもので, これをAAVやトランスジェニックマウスなどの細胞種選択的な遺伝子発現技術と組合わせることで, 特定の細胞種の細胞膜表面タンパク質の解析が可能となる. このTurboID-surfaceには他のBioID法と比べていくつかの利点が存在する. まず, TurboIDによるビオチン化は細胞毒性のある過酸化水素を必要としない. また, TurboID-surfaceは細胞内に機能ドメインをもたないため, 強制的な発現による下流の細胞内シグナルへの影響を考慮する必要がない. そのため, 他の細胞接着分子の融合型ビオチン化酵素による解析と比較しても, より生理学的条件に近い状態での解析が可能となる. Split-TurboID法は, TurboID-surfaceをN末端 (N-TurboID) とC末端 (C-TurboID) に分割したもので, 異なる細胞種にそれぞれを発現させると, それら細胞同士の接着部位においてのみTurboIDのビオチン活性が再構成される (図3) (Split-TurboIDを含めたSplit-BioID法については応用編-1も参照). AAVベクターを用いてTurboID-surfaceをアストロサイト

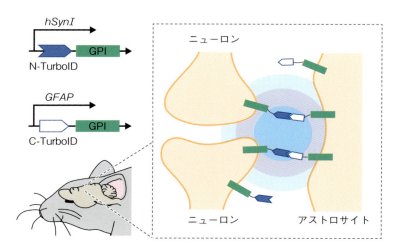

図3 ニューロンとアストロサイト間で形成されるシナプスにおける空間プロテオーム

細胞膜に選択的に局在するglycosylphosphatidylinositol (GPI) アンカーに，TurboIDのN末端断片（N-TurboID）およびC末端断片（C-TurboID）をそれぞれ結合させる．次にN-TurboIDは*hSynI*プロモーターによりニューロン選択的に，C-TurboIDは*GFAP*プロモーターによりアストロサイト選択的に発現させるベクターを作製する．これをAAVによりマウス脳内に注入すると，ニューロンとアストロサイト接着部位においてのみTurboIDのビオチン活性が再構成される．これによりニューロンとアストロサイト間のシナプス選択的にタンパク質を標識することができる．

に選択的に導入した研究では，アストロサイトの細胞膜表面から178のタンパク質が同定された[15]．さらに，Split-TurboIDの各断片をそれぞれニューロンとアストロサイトに発現させることにより，ニューロン-アストロサイト間におけるシナプス間隙から173のタンパク質が同定されている[15]．この研究では細胞接着分子NRCAMが新規に同定され，さらにこれが足場タンパク質gephyrinとの結合を介して抑制性シナプスの形成と機能を制御していることが示された．このように，近年ではBioID法は生体組織中の細胞種選択的な細胞膜表面およびシナプス間隙のプロテオーム解析にも広く利用されている．

おわりに

本稿で述べたように，BioID法の応用により従来の生化学的手法では解析することが難しかった生体脳における細胞種選択的および細胞内の局所領域選択的な空間プロテオーム解析が可能である．この応用はBioID法にAAVベクターやトランスジェニックマウスなどの遺伝子導入技術を組合わせることで実現され，非常に高い空間解像度を示す．これらの応用により，脳内のニューロンやグリア細胞の多様な亜種およびその細胞内局所において特有の分子構成が明らかにされ，脳高次機能を制御する分子メカニズムの理解が格段に進展した．一方で現行のBioID法には課題もあり，特定の細胞種に適したプロモーター選択や遺伝子導入効率の最適化が必要である．この課題を解決できた後には，多様な細胞種間相互作用における重要タンパク質の新規同定や分子メカニズムの解明が一段と加速することが予想される．さらにBioID法による空間プロテオーム解析は自閉症スペクトラム症，統合失調症，アルツハイマー病など多くの発達障害や精神神経疾患の病態

モデル動物と組合わせることが可能である．この方法を用いて，特定の疾患が発生する条件において細胞種および細胞内局所選択的なプロテオームを測定・解析することで，疾患の原因究明が大きく進歩することが見込まれる．本稿で紹介したBioID法の応用が今後の病態メカニズムの解明や新しい診断・治療法の開発に向けた研究において，重要な分子探索技術となることを期待する．

◆ 文献

1) Ito Y, et al : Front Mol Neurosci, 17 : 1361956, doi:10.3389/fnmol.2024.1361956（2024）

2) Sun X, et al : Anal Chem, 94 : 5325-5334, doi:10.1021/acs.analchem.1c05212（2022）

3) Rayaprolu S, et al : Nat Commun, 13 : 2927, doi:10.1038/s41467-022-30623-x（2022）

4) Sunna S, et al : Mol Cell Proteomics, 22 : 100546, doi:10.1016/j.mcpro.2023.100546（2023）

5) Uezu A, et al : Science, 353 : 1123-1129, doi:10.1126/science.aag0821（2016）

6) Spence EF, et al : Nat Commun, 10 : 386, doi:10.1038/s41467-019-08288-w（2019）

7) Falahati H, et al : Proc Natl Acad Sci U S A, 119 : e2203750119, doi:10.1073/pnas.2203750119（2022）

8) O'Neil SD, et al : Elife, 10 : e63756, doi:10.7554/eLife.63756（2021）

9) Soto JS, et al : Nature, 616 : 764-773, doi:10.1038/s41586-023-05927-7（2023）

10) Dumrongprechachan V, et al : Nat Commun, 12 : 4855, doi:10.1038/s41467-021-25144-y（2021）

11) Hobson BD, et al : Elife, 11 : e70921, doi:10.7554/eLife.70921（2022）

12) Loh KH, et al : Cell, 166 : 1295-1307.e21, doi:10.1016/j.cell.2016.07.041（2016）

13) Cijsouw T, et al : Proteomes, 6 : 48, doi:10.3390/proteomes6040048（2018）

14) Li J, et al : Cell, 180 : 373-386.e15, doi:10.1016/j.cell.2019.12.029（2020）

15) Takano T, et al : Nature, 588 : 296-302, doi:10.1038/s41586-020-2926-0（2020）

16) Takano T & Soderling SH : Neurosci Res, 173 : 14-21, doi:10.1016/j.neures.2021.05.002（2021）

応用編

短時間のPPIを解析するためのBioID酵素

山中聡士

従来のBioID酵素（BirA*）は，そのビオチン化活性が低いためビオチン標識時間が長いことが問題点であった．特に，細胞内において短時間で引き起こされる現象を解析するためには短い時間でビオチン標識が可能な酵素が求められていた．サリドマイドに代表するタンパク質分解誘導薬は，タンパク質分解へ導く酵素E3ユビキチンリガーゼに結合することで，本来基質ではない疾患標的タンパク質を分解誘導する新たな薬剤のモダリティである．タンパク質分解誘導薬による標的タンパク質の分解は数時間で引き起こされることから，BirA*を用いた解析系ではビオチン化を解析することが困難であった．筆者らは，短時間でビオチン標識が可能であるTurboIDやAirIDをタンパク質分解誘導薬依存的なPPIの解析へ応用した．

はじめに

BioID酵素として最初に開発されたBirA*[1]は，長いビオチン標識時間（24時間程度）が必要であった．しかしながら，多くの細胞内プロセスは短時間で引き起こされ，一過性に制御されている．例えば，代表的シグナル伝達経路であるNF-κBシグナル伝達経路は数分で活性化することが知られている．このように，短時間で引き起こされる細胞内プロセスを解析するためには，短時間でビオチン標識が可能なBioID酵素が必要であった．2018年に，高活性のBioID酵素としてTurboID[2]が開発された．TurboIDは数十分のビオチン標識時間で効率よく近接タンパク質をビオチン標識可能である．また，筆者らは2020年に，細胞内のタンパク質ータンパク質間相互作用（PPI）解析に有用なBioID酵素としてAirID[3]を開発した．AirIDは，数時間程度のビオチン標識時間で効率よく近接するタンパク質をビオチン標識可能であり，バックグラウンドが低く，PPI解析に非常に有用である[3]．

サリドマイドは1950年代に開発された低分子薬剤であり，妊婦のつわりに対して使用されたが，胎児に対して強力な催奇性誘発能を示し，世界最大規模の薬害を引き起こしたことで広く知られている．しかしながら現在，サリドマイド誘導体であるレナリドミドやポマリドミド（IMiDs）は血液がんの治療薬として年間1兆円以上の規模で使用されている代表的な低分子薬剤である．近年の研究から，IMiDsは複合体型E3ユビキチンリガーゼであるCRL4複合体の基質認識受容体であるセレブロン（CRBN）と結合し[4]，基質認識を変化させることで本来基質ではない基質「ネオ基質」を分解誘導するタンパク質分解誘導薬であることが明らかとなった

163

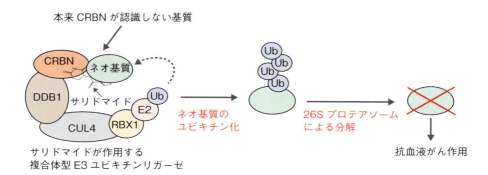

図1 サリドマイドによるネオ基質のタンパク質分解の模式図
サリドマイドやその誘導体は，複合体型E3ユビキチンリガーゼの基質認識受容体であるCRBNへ結合し，本来基質ではないネオ基質をユビキチン化し，26Sプロテアソームによるタンパク質分解を誘導することで，抗血液がん作用を示す．

(図1)[5]〜[7]．タンパク質分解誘導薬は新たな作用機序をもつ薬剤であり，PROTACやSNIPERとよばれる化合物の創生など次世代の創薬アプローチとして世界的に注目されている．このようなタンパク質分解誘導薬のネオ基質を解析するうえで，CRBN-ネオ基質間の相互作用解析はきわめて重要である．本稿では，筆者らが最近確立した，BioID法を用いたタンパク質分解誘導薬依存的なPPI解析技術を例に，BirA*およびTurboID，AirIDを比較しながら，その違いに関して記載する．

BioID法を用いたタンパク質分解誘導薬依存的なPPI解析

タンパク質分解誘導薬によるネオ基質のタンパク質分解は，数時間程度で引き起こされ，細胞内から徹底的にとり除かれる．タンパク質分解誘導薬は従来の酵素活性阻害剤とは異なり，薬剤が触媒的にタンパク質を分解するため，低濃度で効果が絶大であり，遺伝子のノックアウトに匹敵する作用を有する．しかしながら，サリドマイドが世界最大規模の薬害を引き起こしたように，タンパク質分解誘導薬による望まないタンパク質の分解は，重篤な副作用につながる可能性がある．加えて，タンパク質分解誘導薬は転写因子のようなundruggableとされてきたタンパク質をも標的とすることもあり，その分子が，細胞内での発現量が低い場合，従来の定量的質量分析などでは分解誘導されるタンパク質すべてを見出すことは困難である．BioID法の特徴に関しては本書の原理編にて記載されているため割愛するが，筆者らは，BioID法を用いることで，タンパク質分解誘導薬依存的なPPI解析が感度よく行えるのではないかと考えた．タンパク質分解誘導薬は，E3ユビキチンリガーゼ-ネオ基質間の相互作用を引き起こしタンパク質を分解誘導するため，BioID酵素をE3ユビキチンリガーゼ複合体を構成するCRBNへ融合することで，タンパク質分解誘導薬依存的なPPI解析が可能な方法を開発した（図2)[8]．

1．ストレプトアビジンプルダウン法を用いたBioID酵素の比較
はじめに，標的タンパク質や標的細胞内プロセスに応じて使用するBioID酵素を決定する必

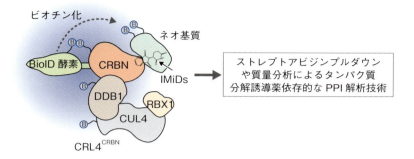

図2　BioID酵素を用いたサリドマイド依存的なPPI解析技術
CRBNへBioID酵素を誘導することで，サリドマイドやその誘導体（IMiDs）依存的にネオ基質をビオチン標識することができる．ビオチン標識されたネオ基質は，ストレプトアビジンを用いプルダウンや質量分析などによって解析することが可能である．

要がある．筆者らのこれまでの経験から，標的とする細胞内プロセスが数十分～1時間程度であればTurboIDが望ましく，数時間程度であればAirIDが望ましい．ただし，本稿の実験結果で記載するが，TurboIDとAirIDの違いは単純なビオチン標識時間だけでなく，それぞれの酵素の特徴にもあることに留意する必要がある．次に，決定したBioID酵素を融合した標的タンパク質を発現する培養細胞もしくは生物個体を作製する．作製方法に関しては**実践編**を参考にしていただきたい．本稿で記載するタンパク質分解誘導薬依存的なPPI解析の場合，培養細胞を用いてBioID法を行うため，複数種類のBioID酵素を検討した．具体的には，ビオチン化活性の異なるBirA*，TurboIDおよびAirIDの3種をCRBNへ融合し，タンパク質分解誘導薬依存的なネオ基質のビオチン化が検出可能であるか検討した．このように，用いる細胞や生体へBioID酵素融合タンパク質の導入が容易である場合は複数種類のBioID酵素を試すことも非常に有効である．BioID酵素の比較に関して，筆者らはストレプトアビジンビーズを用いたプルダウン法を用いている．プルダウンで濃縮されたビオチン化タンパク質を対象に，イムノブロットによる解析を行うことで，相互作用タンパク質がビオチン化されていることを確認する．筆者の場合，BioID酵素融合CRBN発現細胞を対象に，BioID酵素や標識時間，タンパク質分解誘導薬を処理した時間などを振り，既知の相互作用タンパク質をプルダウンにて解析している．

2. 質量分析法を用いたBioID法の比較

その他の比較方法として，質量分析を用いたビオチン化タンパク質の網羅的な検出があげられる．質量分析の方法論や手法に関しては**原理編-3**や**実践編-4**を参考にしていただきたい．前述のストレプトアビジンを用いたプルダウンにて標識時間やビオチン濃度を決定し，複数のBioID酵素にて比較するのが望ましい．タンパク質分解誘導薬依存的なPPI解析の場合，数時間でネオ基質や標的タンパク質を分解誘導するため，AirID-CRBNもしくはTurboID-CRBNを安定発現する培養細胞を用いて質量分析によるビオチン化タンパク質の同定を行った．検出されたビオチン化タンパク質の種類やビオチン化部位の比較を行うことでそれぞれのBioID酵素の比較が可能であり，筆者の場合，これらに加えてタンパク質分解誘導薬依存性を確認した．

BioID法を用いたタンパク質分解誘導薬依存的なPPI解析のプロトコール

準備

- ☐ BioID酵素融合E3リガーゼが安定発現する細胞株
- ☐ タンパク質分解誘導薬（サリドマイドやサリドマイド誘導体など）
- ☐ ビオチン
- ☐ プロテアソーム阻害剤（MG132など）
- ☐ 細胞培養用試薬（培地など）
- ☐ ビオチン化タンパク質・ペプチドの濃縮用試薬（ストレプトアビジンビーズなど）
- ☐ ベンゾナーゼヌクレアーゼ（Benzonase, Merck Millipore社, E1014-25KUなど）
- ☐ イムノブロット用試薬（特異的抗体など）
- ☐ 細胞溶解液（実践編-4を参照）
- ☐ 質量分析用試薬（実践編-4を参照）

プロトコール

1. ストレプトアビジンプルダウンを用いた解析

❶ BioID酵素融合E3ユビキチンリガーゼを発現する培養細胞を培養し，10 cm dish（dish/sample）へ播種する．

❷ コンフルエントになった後に，タンパク質分解誘導薬（コントロールはDMSOなどの溶媒），10 μMビオチン，5～10 μM MG132を同時に処理する．

❸ 2～6時間培養した後に細胞を50 mLチューブへ回収し，遠心し，上清を除く．

❹ 1 mLのPBSで細胞ペレットを洗浄し，2 mLのマイクロチューブへ移し，遠心後に上清を除く．

❺ 600 μLのSDS Lysis buffer（1％SDS，50 mM Tris-HCl pH 7.5，150 mM NaCl）を加え，ボルテックスを行い，95℃で15分間加熱する[*1]．

> [*1] この操作でタンパク質を変性させ，ビオチン標識されたタンパク質のみをプルダウンしている．一般的な細胞溶解液（RIPA bufferなど）を用いても問題ないがビオチン化タンパク質へ相互作用するタンパク質を検出する可能性があることに注意する．

❻ 室温に戻した後に，ベンゾナーゼヌクレアーゼを60 U加え，37℃で30分間静置し，ゲノムDNAを切断し粘性をとり除く[*2][*3]．

*2　粘性が完全になくなっていることを確認する．粘性が残っている場合，追加でベンゾナーゼヌクレアーゼを加え，完全に粘性がなくなった後に次の操作に移る．

　　*3　本プロトコールではヌクレアーゼを用いているが，超音波を用いるなど，その他の手法で粘性をとり除いても問題ない．

❼ 細胞抽出液を 16,100 × g にて 4℃，20分間遠心する．

❽ 遠心を行っている間に，サンプルあたり 30 μL の Dynabeads MyOne Streptavidin C1 を IP Lysis buffer（25 mM Tris-HCl pH 7.5, 150 mM NaCl, 1 mM EDTA, 1％ NP-40, 5％ glycerol）にて洗浄する（500 μL で 3 回洗浄する）．

❾ ❽のビーズを 2 mL チューブへ等量ずつ分注し，IP Lysis buffer を用いて溶液量を 560 μL にする*4．

　　*4　本プロトコールでは IP Lysis buffer を用いて 2 倍希釈し，細胞抽出液中の SDS 濃度を 0.5％にしているが，1％のままでもプルダウン可能である．

❿ ❼の上清を 560 μL 取り，❾のビーズ溶液へ加える．残った細胞抽出液のうち，30 μL は input 画分として保管する．

⓫ ❿のチューブを 4℃で 3 時間〜一晩ローテーションする．

⓬ 1 mL の IP Lysis buffer にて 3 回洗浄し，新たな 1.5 mL チューブへ移す．

⓭ ビーズを 35 μL の 2 × Sample buffer（5％メルカプトエタノール含有）で懸濁し，95℃で 10 分間加熱する．

⓮ 15 μL のプルダウン画分および input 画分を用いてイムノブロットにて解析する．

2. 質量分析を用いた解析

❶ BioID 酵素融合 E3 ユビキチンリガーゼを発現する培養細胞を培養し，10 cm dish（dish/sample）へ播種する．

❷ コンフルエントになった後に，タンパク質分解誘導薬（コントロールは DMSO などの溶媒），10 μM ビオチン，5 〜 10 μM MG132 を同時に処理する．

❸ 2 〜 6 時間培養した後に細胞を 50 mL チューブへ回収し，遠心し，上清を除く．

❹ 1 mL の PBS で細胞ペレットを洗浄し，1.5 mL のマイクロチューブへ移し，遠心後に上清を除く．

❺ 300 μL の Gdm-TCEP buffer（6 M guanidine-HCl, 100 mM HEPES-NaOH pH 7.5, 10 mM TCEP, 40 mM chloroacetamide）を加え，ボルテックスし，95℃で 10 分間加熱した後に超音波処理を行う．

❻ 以降のプロトコールは質量分析による同定法（実践編-4）を参照．

実験例

　本稿で紹介した手法を用いて，サリドマイド誘導体であるポマリドミド依存的なPPI解析によってBioID酵素を比較した実験例を紹介する．ポマリドミドはCRBNへ結合することでネオ基質であるZMYM2[8]やSALL4[9]を分解誘導することが報告されている．はじめに，BirA*-CRBN，TurboID-CRBNもしくはAirID-CRBNを安定発現するIMR32細胞を作製した．それぞれの安定発現細胞株へ10 μMポマリドミド（コントロールはDMSO），10 μMビオチンおよび5 μM MG132を2時間もしくは6時間処理し，ストレプトアビジンビーズを用いたプルダウンアッセイを行い，ネオ基質のビオチン化を比較した．イムノブロットの結果，BirA*-CRBN発現細胞ではネオ基質のビオチン化は確認できなかったため（図3），やはりBirA*を用いる場合は長時間のビオチン標識時間が必要であることが示唆される．TurboID-CRBN発現細胞の場合，2時間の処理においてわずかにネオ基質のビオチン化が確認された（図4）．しかしながら，6時間の処理においてはDMSO処理の際とビオチン化強度に変化はなく，バックグラウンドが高くなっていることが示唆された（図4）．AirID-CRBN発現細胞の場合，2時間と6時間の両方でネオ基質のビオチン化が確認でき（図4），DMSO処理と比較して6時間の処理においてポマリドミド依存的なビオチン化が強く確認され（図4），タンパク質分解誘導薬依存的なPPI解析にはAirIDが有用であることが示唆された．

　AirID-CRBNおよびTurboID-CRBNにおいて，2時間の処理によってネオ基質のビオチン化が確認されたため，それぞれの分子同定を質量分析で行い，結果を比較した．結果として，2時間

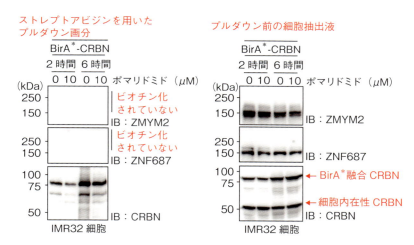

図3　BirA*-CRBNを用いたサリドマイド誘導体依存的なネオ基質のビオチン化

BirA*-CRBNを安定発現するIMR32細胞へDMSOもしくは10 μMポマリドミドを10 μMビオチンおよび5 μMビオチンと同時に加えた．2時間もしくは6時間培養した後に細胞を回収し，ストレプトアビジンビーズを用いたプルダウンを行った．ビオチン化されたタンパク質をイムノブロットによって解析した結果，IMiDs依存的なネオ基質（ZMYM2やZNF687）のビオチン化は検出されなかったため，より長時間のビオチン標識時間が必要である．（文献8より引用）

図4 ストレプトアビジンプルダウンを用いたAirID-CRBNとTurboID-CRBNの比較

AirID-CRBNまたはTurboID-CRBNを安定発現するIMR32細胞へDMSOもしくは10 μMポマリドミドを10 μMビオチンおよび5 μMビオチンと同時に加えた．2時間もしくは6時間培養した後に細胞を回収し，ストレプトアビジンビーズを用いたプルダウンを行った．ビオチン化されたタンパク質をイムノブロットによって解析した結果，IMiDs依存的にネオ基質（ZMYM2やZNF687）のビオチン化が検出された．TurboID-CRBNでは6時間の処理でバックグラウンドが高いが，AirID-CRBNではどちらの処理時間でもサリドマイド誘導体依存性を示した（文献8より引用）．

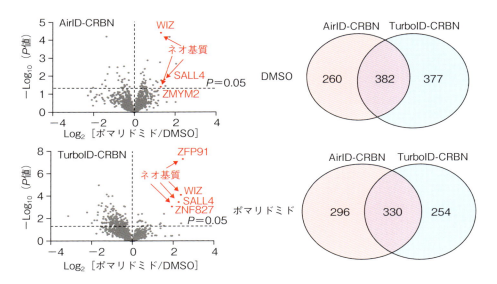

図5 質量分析を用いたAirID-CRBNとTurboID-CRBNの比較

AirID-CRBNまたはTurboID-CRBNを安定発現するIMR32細胞へDMSOもしくは10 μMポマリドミドを10 μMビオチンおよび5 μMビオチンと同時に加えた．2時間培養した後に細胞を回収し，ビオチン化ペプチドを質量分析によって解析した．AirID-CRBNおよびTurboID-CRBNの両方でポマリドミド依存的なネオ基質のビオチン化が確認されたが，どちらかでのみ検出されたネオ基質が存在した（**左**）．DMSOもしくはポマリドミドを処理した際に検出されたビオチン化タンパク質を比較したベン図で示した（**右**）．ビオチン化タンパク質のプロファイルが大きく異なることがわかる（文献8より引用）．

の処理の場合，どちらのBioID酵素においてもネオ基質のビオチン化が有意に増加していた（図5）．非常に興味深いことに，AirIDもしくはTurboIDでのみ検出されたネオ基質が存在し，両方で検出されたネオ基質も存在していた．さらに，DMSOおよびポマリドミドでビオチン化されたタンパク質を比較したところ，AirIDとTurboID間で大きく異なっていた．したがって，AirIDとTurboIDの違いは単純なビオチン化活性の強弱だけでなく，それぞれ異なる特徴をもつことを示唆しており，培養細胞のように安定発現細胞株が容易に取得できる場合は，両方の酵素を試すことも有効であることを示唆している．

おわりに

　本稿では，実験例としてタンパク質分解誘導薬依存的なPPI解析について紹介した．タンパク質分解誘導薬は，これまでに対象にすることが困難であった疾患や標的タンパク質へアプローチできる技術として世界的に注目されており，BioID法を用いた解析技術が広く利用されることを期待している．実際に筆者らは，本解析系を用いることで新たなネオ基質の発見に成功しており[8]，非常に強力な解析技術であると考えている．

　タンパク質分解誘導薬だけでなく，植物ホルモンなどのさまざまな低分子化合物依存的なPPIが細胞内・生体内に存在していることが報告されている．さらに，強力な薬効を示すにもかかわらず，標的タンパク質が未発見であるさまざまな低分子化合物が存在する．したがって，新たなBioID酵素の開発や解析手法の開発など，BioID法を用いた低分子化合物依存的なPPI解析技術が発展することは，生命現象の理解だけでなく，薬剤の開発や評価などに応用可能な技術につながることが期待され，筆者らも現在精力的にとり組んでいる．

◆ 文献

1）Roux KJ, et al：J Cell Biol, 196：801-810, doi:10.1083/jcb.201112098（2012）
2）Branon TC, et al：Nat Biotechnol, 36：880-887, doi:10.1038/nbt.4201（2018）
3）Kido K, et al：Elife, 9：e54983, doi:10.7554/eLife.54983（2020）
4）Ito T, et al：Science, 327：1345-1350, doi:10.1126/science.1177319（2010）
5）Krönke J, et al：Science, 343：301-305, doi:10.1126/science.1244851（2014）
6）Lu G, et al：Science, 343：305-309, doi:10.1126/science.1244917（2014）
7）Krönke J, et al：Nature, 523：183-188, doi:10.1038/nature14610（2015）
8）Yamanaka S, et al：Nat Commun, 13：183, doi:10.1038/s41467-021-27818-z（2022）
9）Matyskiela ME, et al：Nat Chem Biol, 14：981-987, doi:10.1038/s41589-018-0129-x（2018）

INDEX

欧文

A・B・C

AGIA タグ ································ 35
AirID ················ 15, 134, 137, 164
Alphafold2 ························· 134
APEX ···························· 14, 159
ARS/CEN 配列 ·················· 110
BAR ······························ 150
BioID ··························· 7, 15
biotinyl-5′-AMP ··········· 134, 136
BirA ····················· 13, 134, 157
BirA* ······················· 15, 164
BirA 系 ······················ 13, 15
CaMKII プロモーター ·········· 157
CaMV35S プロモーター ········· 99
CMV プロモーター ············· 42
Contact-ID ····················· 132
CRISPR/Cas9 ··················· 86
CsFinD ························· 132
Cytoscape ······················ 73
C 末端 ·························· 34

D・E・F

DeepLoc ························· 68
DeepTMHMM ····················· 66
DIA 法 ·························· 29
EF1α プロモーター ············· 42
EMARS ························· 147

ES 細胞 ························· 87
exPPI ·························· 141
FabID ······················· 8, 141
FLAG タグ ················· 28, 35, 75
Flp-In System ················· 22

G・H・I

GAL4/UAS システム ·············· 118
Gateway クローニング ··········· 99
GFAP プロモーター ·············· 157
GST タグ ······················· 75
H_2O_2 ······················· 15
HA タグ ····················· 28, 35
HEK293T 細胞 ·················· 21
His タグ ······················· 35
HiUGE 法 ······················ 154
HRP ····················· 14, 153, 160
HRP 標識ストレプトアビジン ··· 52
HRP 標識抗体 ·················· 149
hSynI プロモーター ·············· 158
in vitro ······················· 74

L・M・N

LB (left border) 配列 ··········· 98
LC-MS/MS ······················ 29
LFQ 法 ························· 29
light-activated BioID (LAB) ··· 132
μMAP 法 ···················· 12, 147
mini targeting vector ··········· 87
miniTurbo ······················ 118

NeutrAvidin ビーズ ············· 29
N 末端 ························· 34

O・P・R

OptoID ························· 132
pCSII ベクター ················· 42
peroxidase ····················· 14
pGWB ·························· 99
PLA (proximity ligation assay) 法
································· 8
pLVSIN ベクター ················ 42
PPI ······················· 19, 163
PSORT ························· 68
RB (right border) 配列 ·········· 98
Rosa26 Tg マウス ················ 24
Rosa26 遺伝子座 ················ 94

S・T・U

SDS ··························· 29
SDS-PAGE ······················ 27
SOSUI ·························· 66
split-APEX ····················· 131
Split-BioID ················· 8, 128
Split-BirA* ····················· 131
split-protein system ··········· 128
Split-TurboID ················· 160
SPPLAT ························ 150
STRING ························ 70
SunTag ························ 97
T-DNA ························· 98

171

INDEX

Tamavidin ································ 61

Tamavidin 2-REV ············ 7, 29

Taq polymerase ················ 87

targeting vector ················ 87

TCA沈殿 ·························· 29

Tiプラスミド ···················· 98

TMT標識法 ······················ 29

TOPCONS························ 66

TurboID············· 15, 134, 137, 164

TurboID-surface ················ 160

UltraID ··························· 86

UniProt ··························· 64

Urea ····························· 29

V・X

V5タグ ······················ 28, 35

X線結晶解析···················· 135

和文

あ行

アグロバクテリウム··············· 98

アセトン沈殿····················· 29

アデノウイルス··················· 21

アデノ随伴ウイルス（ベクター）
··························· 21, 25

アノテーション··················· 64

アフィニティータグ··············· 35

アルカリ／TCA法················ 109

アルファスクリーン··············· 75

安定発現株······················ 41

イソロイシン····················· 13

一過性発現······················ 36

一過的な相互作用················ 116

イムノブロット··············· 27, 49

インタラクトーム················· 70

ウイルスベクター················· 21

液体クロマトグラフィー–タンデム
　質量分析計··················· 29

エンリッチメント解析············· 70

オフターゲット··················· 87

オルガネラコンタクトサイト······ 132

か行

カルス·························· 98

カルボキシラーゼ············· 27, 30

機能変換······················ 135

共免疫沈降法·················· 8, 74

グアニジン塩酸·················· 29

空間プロテオーム解析············· 9

グリア細胞····················· 156

顕微注入法····················· 22

ゲノム編集··················· 25, 86

減圧浸潤法····················· 100

恒常発現······················· 36

構造機能相関··················· 137

酵素活性確認法················· 130

抗体依存的な近接依存性ビオチン
　標識法····················· 9, 149

抗ビオチン抗体ビーズ·············· 29

酵母·························· 109

コムギ胚芽無細胞系··············· 74

コンストラクション············ 7, 34

さ行

細胞外相互作用················· 141

細胞外ドメイン················· 153

細胞外領域PPI················· 141

細胞株························· 41

細胞間接着部位················· 132

細胞種選択的············ 9, 157, 160

細胞染色······················· 28

細胞内局在····················· 68

細胞内局所選択的················· 9

細胞内プロセス················· 163

細胞内領域選択的··············· 158

細胞膜表面····················· 160

サリドマイド··················· 163

磁性ビーズ····················· 76

軸索起始部····················· 149

ジスルフィド結合················ 14

失敗例························· 53

質量分析·············· 29, 56, 60, 61

シナプス·················· 156, 160

シナプス種····················· 157

出芽酵母······················ 109

ショウジョウバエ··············· 118

植物·························· 108

植物形質転換··················· 98

シロイヌナズナ·················· 98

リアルな相互作用を捉える近接依存性標識プロトコール

INDEX

神経科学·············· 156

ストリッピング·············· 50

ストレプトアビジン········ 7, 27, 164

ストレプトアビジンビーズ
·············· 29, 56, 59, 61

生化学的相互作用解析·············· 74

精製·············· 56, 59

切断部位·············· 130

相同組換え·············· 87

粗精製·············· 50

た行

短時間·············· 163

タンパク質-核酸間相互作用······ 131

タンパク質間相互作用·············· 130

タンパク質調製·············· 74

タンパク質分解誘導薬·············· 163

中間体生成·············· 135

チロシン·············· 13

低分子化合物依存的な PPI········ 170

同定·············· 56

トポロジー·············· 66

トランスジェニック（Tg）マウス
·············· 22, 86

トランスフェクション·············· 21

な行

ニューロン·············· 156

ノックイン（マウス）······ 24, 47, 87

は行

バイオインフォマティクス········ 63

バイナリーベクター·············· 99

培養細胞·············· 41

バックグラウンド·············· 29, 154

発現確認·············· 43

発現レベル·············· 109

ビオチニル-5′-AMP ·············· 13, 16

ビオチンフェノール·············· 15

ビオチンリガーゼ·············· 7, 134

ビオチン含有アリールジアジリン
·············· 13

ビオチン結合型·············· 135

ビオチン添加培養条件·············· 110

ビオチン標識時間·············· 163

ビオチン標識速度·············· 16

ビオチン標識範囲·············· 17

光応答性化学プローブ系······ 7, 12, 13

プルダウンアッセイ法·············· 74

プレイ·············· 19

フローラルディップ法·············· 100

プロテインアレイ·············· 83

プロテオミクス·············· 118, 126

分子機能·············· 134

ベイト·············· 19

ペルオキシダーゼ系·············· 7, 13, 14

変異体ビオチンリガーゼ·············· 15

ホモジニアス相互作用アッセイ··· 75

ポリエチレンイミン·············· 36

ま行

マウス·············· 86

マウス生体内 BioID 法·············· 95

膜タンパク質·············· 66, 141, 149

ミトコンドリア·············· 15

メタノール／クロロホルム沈殿
·············· 29, 56, 58

メチオニン·············· 13

や行

弱い相互作用·············· 109, 110

ら行

ライセート·············· 49

ラジカルビオチンフェノール··· 13, 15

リジン·············· 13

立体構造·············· 134

リポフェクション·············· 36

リンカー·············· 35

レトロウイルス·············· 21, 36

レンチウイルス·············· 21, 36, 42, 44

173

◆ 編者プロフィール ◆

澤崎達也（さわさき　たつや）

愛媛大学プロテオサイエンスセンター　センター長・教授

1998年 広島大学博士（理学）取得．日本学術振興会 特別研究員（DC1），愛媛大学工学部応用化学科 助手，愛媛大学無細胞生命科学工学研究センター 准教授を経て現職．愛媛大学発の株式会社セルフリーサイエンス創業以来，戦略技術顧問を継続中．タンパク質機能の奥深さに感動し，AirIDを主体とした近接依存性ビオチン標識法を用いてタンパク質機能の謎に迫るべく，日々，学生達とともに格闘しています．

小迫英尊（こさこ　ひでたか）

徳島大学先端酵素学研究所藤井節郎記念医科学センター細胞情報学分野 教授

1996年に東京大学大学院理学系研究科にて博士（理学）を取得．愛知県がんセンター研究所，東京大学大学院医学系研究科，東京大学医科学研究所，徳島大学疾患酵素学研究センターを経て，2014年より徳島大学藤井節郎記念医科学センター 教授．改組により2016年より徳島大学先端酵素学研究所 教授．プロテオミクスやイメージングなどの先端技術を用いてさまざまなシグナル伝達のしくみを明らかにしたい．また近接依存性標識法を活用することで，生命科学研究の進展にも貢献したいと考えています．

実験医学別冊　最強のステップUPシリーズ

リアルな相互作用を捉える
近接依存性標識プロトコール

BioID・TurboID・AirIDの選択・導入から正しい相互作用分子の同定まで、論文には書かれていない実験のノウハウ

2024年10月1日　第1刷発行	編　集	澤崎達也，小迫英尊
	発行人	一戸敦子
	発行所	株式会社 羊 土 社
		〒101-0052
		東京都千代田区神田小川町2-5-1
		TEL　03（5282）1211
		FAX　03（5282）1212
		E-mail　eigyo@yodosha.co.jp
		URL　www.yodosha.co.jp/
	印刷所	三美印刷株式会社
ⓒ YODOSHA CO., LTD. 2024	広告取扱	株式会社エー・イー企画
Printed in Japan		TEL　03（3230）2744㈹
ISBN978-4-7581-2274-0		URL　https://www.aeplan.co.jp/

本書に掲載する著作物の複製権，上映権，譲渡権，公衆送信権（送信可能化権を含む）は（株）羊土社が保有します．
本書を無断で複製する行為（コピー，スキャン，デジタルデータ化など）は，著作権法上での限られた例外（「私的使用のための複製」など）を除き禁じられています．研究活動，診療を含み業務上使用する目的で上記の行為を行うことは大学，病院，企業などにおける内部的な利用であっても，私的使用には該当せず，違法です．また私的使用のためであっても，代行業者等の第三者に依頼して上記の行為を行うことは違法となります．

JCOPY　＜（社）出版者著作権管理機構　委託出版物＞
本書の無断複写は著作権法上での例外を除き禁じられています．複写される場合は，そのつど事前に，（社）出版者著作権管理機構（TEL 03-5244-5088，FAX 03-5244-5089，e-mail：info@jcopy.or.jp）の許諾を得てください．

乱丁，落丁，印刷の不具合はお取り替えいたします．小社までご連絡ください．

FUJIFILM
Value from Innovation

ビオチン化因子の精製・回収に！
MagCapture™ タマビジン™2-REV

特長
- マイルドかつ高特異的にビオチン化因子を精製・回収
- 糖鎖起因の非特異的結合を低減
- プロテアーゼ共存サンプルに使用可
- 磁気スタンド使用により簡単・スピーディなハンドリング

コードNo.	品名	容量
136-18341	MagCapture™ タマビジン™2-REV	2 mL
133-18611	MagCapture™ HP タマビジン™2-REV	2 mL

参考文献
1) Takakura, Y., *et al.*, *J. Biotechnol.*, **164**, 19 (2013).
2) Motani, K. and Kosako, H., *J. Biol. Chem.*, **295**(32), 11174 (2020).
3) Nishino, K. *et al.*, *J. Proteome Res.*, **21**, 2094 (2022).

詳細は、当社 HP を
ご覧ください。

富士フイルム 和光純薬株式会社

試薬HP https://labchem-wako.fujifilm.com
E-mail: ffwk-labchem-tec@fujifilm.com
フリーダイヤル 0120-052-099

本　社 〒540-8605 大阪市中央区道修町三丁目1番2号 TEL: 06-6203-3741（代表）
東京本店 〒103-0023 東京都中央区日本橋本町二丁目4番1号 TEL: 03-3270-8571（代表）
営業所●九州・中国・東海・横浜・筑波・東北・北海道

tims-QTOF MS
timsTOF HT

ハイスループット4D-Proteomics™ の可能性を広げる

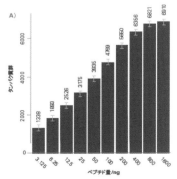
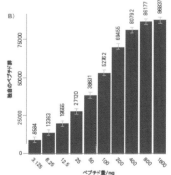

TIMS XR は、200 ng を超えるサンプルロードに対して、イオンキャパシティを向上させることが可能です。PaSER リアルタイム検索エンジンおよび TIMScore を使用して、1600 ng までの K562 トリプシン消化物の dda-PASEF を検索したところ、6900 以上のタンパク質群（A）および 86,000 以上のユニークなペプチド（B）が再現性よく同定されました。エラーバーは 5 反復の標準偏差を示し、平均値はヒストグラムの上に表示されています。

本製品は研究用です。臨床での診断には使用できません。

ブルカージャパン株式会社　ダルトニクス事業部
〒221-0022 横浜市神奈川区守屋町 3-9　TEL: 045-440-0471

timsTOF HT の
情報はこちら